WORKBOOK OF
FABRIC PLANNING
FOR FASHION

패션을 위한
소재기획 워크북

패션을 위한
소재기획 워크북

정인희 | 조윤진 지음

WORKBOOK OF
FABRIC PLANNING
FOR FASHION

교문사

PREFACE

15년 전 즈음 처음 패션 소재기획을 가르칠 때에 무엇을 가르쳐야 하는가, 소재기획은 디자인과 무엇이 다르고 상품기획과 무엇을 차별화해야 하는가 등 스스로 소재기획이라는 교과목의 당위성을 찾기에 급급했다. 수업을 위해 참고할 만한 책도 별로 없었다. 끊임없이 새로운 교육 내용을 탐색하면서 새로운 교수법을 개발하고 시험해 본 세월이 10여 년, 이후 다소 안정된 상태로 수업을 진행할 수 있게 되었다. 그동안의 축적된 고민과 탐구의 결과물에 더해 수업에 반영하고 싶었지만 엄두가 잘 나지 않았던 내용을 조금 더 보태서 워크북이라는 형태로 펴낸다.

패션 소재기획이라는 교과목의 성격은 패션 디자인, 피복 재료학, 패션 상품기획의 공통분모에 해당하므로 한 가지의 절대적인 방식이 아니라 여러 가지 유동적인 방식으로 수업이 이루어질 수 있다. 따라서 이 책은 다양한 수업 상황에서 두루 활용할 수 있도록 한 학기 수업 시간 대비 다소 여유 있는 분량으로 구성하였다. 다른 교과목과 중복되는 일부 내용은 생략하여 다룰 수 있으며, 몇 개 워크(Work)의 내용들을 묶어 하나의 팀 과제로 진행하는 것도 가능하다. 또한 4장에서 6장까지의 내용은 하나의 주제를 선정하여 일관성 있게 작업하도록 하여 최종 포트폴리오를 제작할 수 있도록 진행해도 좋을 것이다.

이 책은 패션이라는 세계에 입문하는 초보 학생들을 위해 패션에 대해서 그리고 소재에 대해서도 자연스럽게 친해지고 익숙해지는 경험을 제공하는 책이라고 할 수 있다. 이 책으로 공부하는 여러분이 이 책을 통해 패션 역사와 문화, 소재에 대한 기초와 상식을 튼튼히 하고 분석 능력, 실무 능력, PPT 작성과 프레젠테이션, 글쓰기 등 패션인으로서의 전인적 소양을 기를 수 있다면 좋겠다. 무엇보다도 스스로 패션에 대해 잘 모르고 패션 디자인 능력이 부족하다고 생각하는 학생들이 놀이처럼 쉽게 패션과 소재를 공부할 수 있기를 바란다.

패션과 소재를 가지고 즐겁게 놀듯이 작업하는 동안 자연스럽게 소재기획에 필요한 능력이 길러지기를 기대하는 마음은 이 책의 구성에도 반영되었다. 각각의 워크는 학생들이 직접 준비해보는 My Work, 해당 워크와 관련된 이론적 내용을 정리한 Lecture, 그 이후 다시 학생들이 보충 작업을 해보는 Supplements와 Follow-Up으로 이루어진다. 또한 일련의 작업을 모두 마무리하며 최종적으로 패션 소재기획의 개념을 정리하는, 일종의 미괄식 구성을 사용하였다. 셀프 학습이 하나의 트렌드인 지금, 약간의 의지가 있다면 이 책을 벗 삼아 패션 공부에 도전해 보는 것도 가능하겠지만, 이 책은 원칙적으로 20명 내외의 수강생을 대상으로 한 실습 수업용 교재로 기획되었다. 따라서 이 책이 패션 소재기획을 가르치는 여러 교수자들에게 조금이라도 도움이 될 수 있다면 한 없이 기쁘겠다.

이 책에 제시된 과제 사례는 경남과학기술대학교와 금오공과대학교에서 저자들의 소재기획 관련 수업을 수강했던 학생들이 제출한 것이다. 즐겁게 수업에 임하고 열심히 과제를 수행한 모든 수강생들에게 감사와 격려의 인사를 보낸다. 특히 과제가 선택되어 이 책에 실린 수강생들은 이 책을 좋은 추억으로 간직할 수 있으면 좋겠다.

공저자 조윤진 교수는 본 저자의 연구년 기간 동안 본교에서 소재기획 교과목을 강의해 준 인연으로 이 책의 집필 작업을 함께 하게 되었다. 지난 몇 년간 수업에 관한 자료를 공유하고 의견을 나누며 즐겁게 이 책을 기획하였던 바, 이제 그 결실을 맺을 수 있어 매우 보람이 크다. 총명함과 견실함을 겸비한 공저자가 앞으로도 의미 있는 학문적 업적을 많이 남길 수 있기를 진심으로 바란다.

언제나처럼 출판을 흔쾌히 맡아주신 교문사 류제동 사장님께 감사드린다. 퇴사 전까지 이 책의 기획을 지지해주신 양계성 전 전무님께도 깊은 감사의 마음을 전한다. 특히 새롭게 인연을 맺고, 직접 책의 편집을 맡아 짧은 시간에도 불구하고 세련된 감각으로 예쁜 책을 만들어주신 모은영 편집부장님께 심심한 감사를 드린다.

2015년 8월
유난히 무더운 여름의 끝자락에
정인희

CONTENTS

머리말   6

CHAPTER 1
패션 디자이너와 브랜드로 패션의 흐름 알기   9

Work 1 패션 디자이너 조사   10
Work 2 패션 브랜드 조사   16
Work 3 Top 10 패션 디자이너와 브랜드 선정   22

CHAPTER 2
여러 나라의 패션 문화와 유통 구조 알기   29

Work 4 패션 산업이 발달한 나라 조사   30
Work 5 패션 상품의 원산지 조사   35

CHAPTER 3
패션 소재의 트렌드 알기   41

Work 6 패션 전문 정보회사와 소재 박람회 조사   42
Work 7 대중매체를 통한 패션 소재 트렌드 조사   48
Work 8 스트리트 패션을 통한 패션 트렌드 분석   52

CHAPTER 4
패션 소재의 특성과 감성 분석하기   59

Work 9 패션 소재 에세이 쓰기   60
Work 10 소재 감성 평가 및 감성 그래프 작성   68
Work 11 소재 감성 맵과 이미지 맵 만들기   76

CHAPTER 5
패션 이미지 표현하기   83

Work 12 패션 이미지 맵 제작: 잡지 이용하기   84
Work 13 패션 이미지 맵 제작: 그래픽 프로그램 활용하기   89

CHAPTER 6
패션 소재와 상품기획   95

Work 14 품목별로 어울리는 소재 찾아보기   96
Work 15 기획한 패션 상품을 표현하기   100

참고문헌   121

01

패션 디자이너와 브랜드로 패션의 흐름 알기

INTRODUCTION

한껏 화려해 보이면서 사람들의 시선을 끄는 패션 세계,
그 속으로 들어가기 위한 지름길은 패션의 역사를 만들
어 온 패션 디자이너와 패션 브랜드를 살펴보는 일이다.
이름이 널리 알려진 패션 디자이너나 패션 브랜드부터
대중적 인기는 덜하지만 패션의 역사에서 중요한 역할을
한 디자이너와 브랜드까지 숱하게 많은 패션 산업의 주
체들을 찾아보고 그들에 대한 자료를 정리하도록 하자.

Work 1

패션 디자이너 조사

Working Guide : 이름만 알고 있었던 패션 디자이너도 좋고 검색을 통해 호기심이 생긴 패션 디자이너도 좋다. 패션 디자이너 한 사람을 정해서 그의 패션계 입문 계기, 패션 철학, 그리고 다양한 패션 활동과 에피소드 등을 조사해 보자. 조사하면서 참고한 문헌은 반드시 기록해 두자.

MY WORK

패션 디자이너 이름	한글:	영어:
출생 및 사망 연도		
출생 국가 및 국적		
활동 시작 연도 및 도시		
주요 활동지 (국가와 도시)		
활동한 패션 하우스 (기간)		
주요 참가 컬렉션 (기간)		
별명		
패션 디자이너가 된 동기		
패션 디자인의 특징		
패션 철학		
콜라보레이션 또는 의류 외 품목의 디자인 활동		
에피소드		
패션 산업에서의 위상 및 패션 역사에서의 의의		
참고문헌		

패션 디자이너의 사진

주요 작품 사진

LECTURE 1: 패션 디자이너의 유형

베커(Becker)는 예술가를 "Mavericks 새로운 창조자", "Contemporary Stars 동시대의 거장", "Integrated Professionals 통합 전문가"로 구분하여, Mavericks는 현재와는 완전히 다른 새로운 기준을 제시하는 예술가, Contemporary Stars는 현재의 기준을 고수하는 한도 내에서 응용을 통해 창조하는 예술가, Integrated Professionals는 현재의 기준을 잘 따르는 예술가라고 하였다. 이러한 구분은 패션 디자이너에게도 그대로 적용될 수 있을 것이다.

즉 패션의 신기원을 여는 의상을 선보이는 디자이너가 있는 반면(Mavericks), 제안된 트렌드를 응용하여 매 시즌의 의상 발표를 하는 디자이너도 있을 것이고(Contemporary Stars), 트렌드 회사에서 제시한 정보나 다른 유명 디자이너의 의상을 토대로 기성복 상품을 만들어내는 디자이너(Integrated Professionals)도 있을 것이다. Integrated Professionals에 해당하는 패션 디자이너가 일반 의류회사 디자인실에서 근무하는 디자이너라고 한다면, Mavericks나 Contemporary Stars에 해당하는 디자이너는 자신의 이름을 딴 컬렉션을 개최할 정도의 트렌드 세터가 될 것이다.

우리가 조사한 패션 디자이너는 바로 Mavericks나 Contemporary Stars에 해당하는 디자이너들이며, 이들이 패션 세계에서 차지하는 비중은 이들의 의상이 팔려나가는 비중에 비해서 훨씬 크다. 대중이 착용하는 의복을 디자인하는 수많은 Integrated Professionals들이 Mavericks나 Contemporary Stars를 모방하고 있기 때문이다. 따라서 이들 패션 디자이너들은 중요한 패션 정보의 원천이 되며, 우리는 패션 디자이너의 인생과 철학과 작품 속에서 패션을 보는 통찰력을 기를 수 있게 된다.

References

Roach, M. E., & Musa, K. E.(1980). New Perspectives on the History of Western Dress: A Handbook. New York: NutriGuides, Inc.(p.36).
정인희, 이경희, 이신희(2006). 패션 정보와 소재. 구미: 뷰전텍스인력양성사업단, 미출간자료집(p.108).

SUPPLEMENTS

1. 앞에서 정리한 내용을 프레젠테이션 자료로 만들어 동료들 앞에서 발표해 보자(발표 시간 5분).
2. 다른 동료들은 어떤 패션 디자이너를 조사하였고, 그 발표에서 기억하고 싶은 핵심적인 내용은 무엇인지 정리해 보자.

패션 디자이너	핵심 내용

패션 디자이너	핵심 내용

패션 디자이너	핵심 내용

Work 2

패션 브랜드 조사

Working Guide : 평소에 관심을 가지고 있던 패션 브랜드, 혹은 최근에 알게 된 패션 브랜드 중에서 세계적인 패션 브랜드라고 생각하는 것을 하나 선정하여 그 패션 브랜드의 역사와 경영 활동에 관해 조사해 보자. 조사 결과를 기초로 하여 그 패션 브랜드의 앞날은 어떨지, 그리고 그 패션 브랜드의 발전을 위해서 무엇이 필요한지에 대해 추측해 보는 것도 좋겠다. 조사에 참고한 문헌은 반드시 기록하도록 하자.

MY WORK

패션 브랜드 이름	한글: 영어:
모기업과 국적	
브랜드 론칭 연도	
설립자와 현 대표자	
본사 소재지	
지난해(년) 매출액	
브랜드 콘셉트	
타깃	
취급 품목 및 가격대	
글로벌 유통망	
브랜드 포트폴리오	
브랜드 위상과 전망	
기타 특이사항	
참고문헌	

패션 브랜드 로고	대표자 / 수석 디자이너 / 기타 주요 인물

주요 상품

LECTURE 2: SPA(SPECIALTY STORE RETAILER OF PRIVATE LABEL APPAREL, 제조소매업체) 브랜드

인터브랜드(Interbrand) 컨설팅에서는 매년 브랜드의 재무 성과와 브랜드의 역할, 그리고 Commitment, Protection, Clarity, Responsiveness, Authenticity, Relevance, Understanding, Consistency, Presence, Differentiation의 10가지 브랜드 강점을 평가하여 100대 베스트 글로벌 브랜드(Top 100 Best Global Brand)를 발표한다. 이 결과의 연도별 추세를 국가별로 혹은 산업별로 분석해 보면 어떤 국가가, 그리고 어떤 산업이 부상하고 있는지를 알 수 있다. 이 리스트에서 명품 및 일반 의류, 그리고 스포츠 용품으로 분류된 것을 패션 상품으로 간주한다면, 명품에서는 루이 뷔통, 구찌, 에르메스, 티파니, 카르티에 등이 100대 브랜드에 계속 머무르고 있고, 버버리, 프라다 등도 최근 순위에 진입해 있다. 스포츠 용품에서는 나이키와 아디다스의 브랜드 가치가 압도적으로 높게 평가되고 있다. 일반 의류에서는 SPA 브랜드, 특히 에이치엔엠(H&M)의 선전이 눈부시다.

2000년대 이후 패션 산업에서는 SPA 브랜드가 세계적으로 널리 확산되고 있는 추세이다. SPA 브랜드의 원조라고 할 수 있는 것은 미국의 갭(Gap)이며, 스페인의 자라(Zara)와 스웨덴의 에이치엔엠이 급성장하면서 패션 소매업의 글로벌화가 가속화되고 있다. 그리고 일본의 유니클로(Uniqlo)도 독자적인 생산·유통 모델로 패스트 패션의 대표 모델로 성장해나가고 있다.

SPA의 대표적인 특징은 제품의 기획부터 생산, 유통에 이르는 체계가 매우 신속하여 신상품 공급 주기가 획기적으로 빠르다는 점이다. 전통적으로 한 해에 두 번 상품기획을 하고 생산 일정을 수립하던 시스템이 변화되어 이제 매장에는 2주나 1주 간격으로 신상품이 등장한다. 또한 가격 경쟁력이 높은 생산지에서 소싱(sourcing)을 진행하고 중간유통비용을 줄임으로써 괜찮은 품질의 상품을 저렴한 가격에 판매하고 있다. 일반 패션 상품부터 속옷 및 소품까지 상품 구색을 폭넓게 갖추어 소비자들에게 쇼핑의 재미와 즐거움을 주며 교차 구매나 충동 구매를 자연스럽게 유도하기도 한다.

국내에서도 이들 SPA 모델을 벤치마킹한 브랜드들이 속속 등장하였으나 성공에까지 이르지 못한 사례가 많다. 최근에는 에잇세컨즈(8seconds), 탑텐(Topten), 플라스틱아일랜드(Plastic Island), 스파오(Spao), 미쏘(Mixxo) 같은 브랜드들이 한국형 SPA 브랜드로 선전하고 있다.

References
정인희(2011). 패션 시장을 지배하라. 서울: 시공아트(pp.186-189).

SUPPLEMENTS

1. 앞에서 정리한 내용을 프레젠테이션 자료로 만들어 동료들 앞에서 발표해 보자(발표 시간 5분).
2. 다른 동료들은 어떤 패션 브랜드를 조사하였고, 그 발표에서 기억하고 싶은 핵심적인 내용은 무엇인지 정리해 보자.

패션 브랜드	핵심 내용

패션 브랜드	핵심 내용

패션 브랜드	핵심 내용

Work 3

Top 10 패션 디자이너와 브랜드 선정

Working Guide : 패션 디자이너와 패션 브랜드에 대한 조사와 발표를 통해서 패션의 흐름에 관한 지식과 상식이 많이 늘었을 것이다. 수많은 패션 디자이너와 브랜드 들, 그중에서 꼭 알아야 한다고 생각하거나 스스로 꼭 기억하고 싶은 패션 디자이너 또는 브랜드 Top 10을 선정해 보자. 왜 그들이 중요하다고 생각하는지도 적어 보자.

MY WORK

순위	패션 디자이너 또는 브랜드 이름	선정 이유
1		
2		
3		
4		
5		
6		
7		
8		
9		
10		

LECTURE 3: 역사 속의 패션 디자이너들

수많은 패션 디자이너들 중에서 패션의 역사 속에 중요한 위상을 차지하고 있는 디자이너 15인을 선정하여 간단히 정리해 보았다.

1. 찰스 프레드릭 워스(Charles Frederic Worth, 1825~1895): 최초의 패션 디자이너

19세기 후반 프랑스 유제니 황후(Empress Eugénie de Montijo)의 쿠튀리에(재봉사)였던 찰스 프레드릭 워스는 고객의 요구에 맞추어 옷을 만드는 데 그치지 않고 새로운 스타일을 창조하였다는 의미에서 최초의 패션 디자이너로 평가받는다. 고객이 스스로 원하는 옷감과 장식을 선택해 재봉사에게 제작을 의뢰하는 오랜 의복 제작 관습이 이제 쿠튀리에가 지휘하여 재료와 장식의 선택, 디자인, 생산 과정을 통제하는 새로운 여성복 제작 시스템으로 변화했다. 그는 드레스 디자인의 변화에 따른 직물 선택에 탁월한 솜씨를 보였고 소매, 장식, 색채, 액세서리 변화에 섬세하게 대응하며 여성 패션의 변화를 선도했다.

2. 루이 뷔통(Louis Vuitton, 1821~1892): 명품 가방의 전통 확립

루이 뷔통은 프랑스 파리에 있는 마르샬 가방점에서 손님들의 짐을 싸는 일을 하다가 1854년에 자신의 이름으로 여행 가방 가게를 열었다. 당시의 여행 가방은 윗부분이 둥근 형태이어서 여러모로 불편했는데, 루이 뷔통은 운반하기에 편리하도록 윗부분을 평평하게 바꾼 실용적인 사각 트렁크를 개발하였다. 방수 캔버스를 사용하여 비가 오더라도 아무런 문제가 없었으며, 내부는 칸막이를 하여 효율적으로 짐을 정리할 수 있게 하였다. 루이 뷔통의 성장과 함께 모조품이 늘어가던 즈음, 1859년에 사업을 물려받은 아들 조르주 뷔통(Georges Vuitton)은 트렁크에 무늬를 넣기 시작했고, 이로써 줄무늬 패턴, 다이에 패턴, 모노그램 등이 탄생하였다. 시대가 변하면서 트렁크 가방 외에도 가볍게 들 수 있는 여행용 가방에 대한 수요가 증가하자 루이 뷔통에서는 부드러운 캔버스 소재의 소프트백인 '노에'를 출시했고, 이후에도 다양한 소재와 디자인의 가방을 출시하고 있다

3. 폴 푸아레(Paul Poiret, 1879~1944): 동서양을 접목한 근대적 패션 창조

프랑스에서 활동한 폴 푸아레는 패션 역사에서 스타일의 근대성(모더니티)을 보여준 디자이너로 평가되며 이국풍의 디자인으로도 유명하다. 그는 S자형의 굴곡 있는 체형에 어울리는 당시의 성숙한 패션과 달리 엠파이어 라인의 부활이라 할 수 있는 날씬하고 헐렁한 디자인인 디렉투아르(Directoire) 양식을 선보였다. 이를 위해 직물의 재단과 솔기를 단순화, 최소화하는 입체재단 기법을 사용하였다. 푸아레는 이국적인 파티를 개최하고는 그 파티에서 자신의 새로운 스타일들을 발표하곤 했다. 미나렛 튜닉, 터번, 자수 장식, 브로케이드 장식, 할렘 스타일 바지 등을 도입하였으며 채도가 높고 강렬하며 이국적인 색채들을 많이 사용하였다.

4. 가브리엘 코코 샤넬(Gabrielle Chanel, 1983~1971): 여성 패션을 실용적으로 혁신

'코코'라는 예명으로 유명한 샤넬은 불우한 유년 시절을 보냈다. 성인이 된 후에는 의상실 보조 재봉사와 카바레 가수로 지내던 중, 1910년에 첫 모자 가게를 파리에 열었다. 1913년에는 모자와 스포츠웨어를 취급하는 두 번째 점포를 열었다. 샤넬은 이때부터 속옷에 사용되던 저지를 이용하여 옷을 만들고, 남성들이 스포츠웨어로 착용하던 스웨터를 여성복에 도입하였으며, 어부들이 입던 옷에서 아이디어를 얻어 세일러 블라우스를 만들었다. 1916년 첫 컬렉션에서 이러한 옷들을 선보였는데, 특히 저지를 이용한 실용적이면서 우아한 여성복이 높은 평가를 받았다. 이로써 샤넬은 저지를 최초로 사용한 패션 디자이너가 아님에도 불구하고 저지의 대명사가 되었다. 그밖에도 그녀는 트위드와 같이 편안하고 실용적인 소재를 사용하였으며, 편안하고 기능적인 소매 디자인이나 종아리를 드러내는 짧은 드레스 등을 제안했다. 이러한 디자인들은 단순미와 기능미의 극치를 보여주었으며, 이제 더는 여성복에 코르셋이 필요하지 않게 되었다. 샤넬은 콕토, 피카소, 스트라빈스키와 같은 예술가들과 가까운 친구였고, 상류층들과 널리 교류했으며, 많은 사람들에게 현대적인 여성상으로서 선망의 대상이 되었다.

5. 메들린 비오네(Madeleine Vionnet, 1876~1975): 바이어스 재단(bias-cut)의 창시자

메들린 비오네는 어린 시절부터 의상점에서 일하면서 재봉 기술을 배워 1912년 자신의 이름을 건 의상점을 파리에 열게 된다. 비오네는 옷감을 45° 돌려서 옷의 길이 방향이 옷감의 대각선 방향으로 놓이도록 옷본을 배치하여 재단하는 바이어스 재단을 본격적으로 여성복에 사용하였다. 바이어스 재단을 하게 되면, 옷감이 인체의 곡선을 따라 자연스럽게 늘어나거나 줄어들게 된다. 이를 통해 인위적인 다트(dart)가 없어도 옷은 인체의 아름다운 곡선을 표현할 수 있는 도구라는 것을 알렸다. 또한 그녀는 옷이 여성 신체의 자연스러운 아름다움을 그대로 드러낼 수 있어야 한다고 생각하여 코르셋과 패드를 사용하지 않았다. 비오네의 디자인은 단순해 보이지만 많은 연구와 실험을 통해 자신만의 독특한 기법과 패턴을 적용한 것으로 그 역사적 의미가 크다.

6. 엘사 스키아파렐리(Elsa Schiaparelli, 1890~1973): 패션계의 초현실주의자

엘사 스키아파렐리는 1922년경 파리에 정착해 독립적인 현대 여성을 위한 의상들을 선보이며 경력을 쌓기 시작했다. 실물과 같은 눈속임을 일으키는 리본 매듭 패턴의 검정 울 스웨터, 이른바 트롱프뢰유(Trompe l'oeil) 스웨터를 통해 패션 디자이너로서 명성을 얻기 시작하였다. 그녀는 샤넬과 함께 1920년대의 혁신적 디자이너로 평가되는데, 의복, 직물, 자수, 장식, 액세서리, 광고 등 다양한 분야에서 파리 아방가르드 예술가들과 콜라보레이션

(collaboration)을 적극적으로 진행하였다. 특히 초현실주의 예술가들인 살바도르 달리, 장 콕토 등과의 공동 작업은 초현실주의 패션으로 불리게 되는 많은 작품들을 탄생시켰다. 의복의 기능과 형태에 대한 고정관념을 깨는 다양한 시도들은 20세기 후반 포스트모던 패션에도 중요한 영향을 끼쳤다.

7. 크리스티앙 디오르(Christian Dior, 1905~1957): 뉴룩의 디자이너

크리스티앙 디오르는 보조 디자이너 일을 하던 중, 1947년 39세의 나이에 자신의 이름을 건 가게를 파리에 열게 된다. 그해 첫 컬렉션에서 코롤(corolle, 꽃부리) 라인을 발표했는데, 이 라인이 바로 뉴룩(New Look)이다. 여성복의 주 소재였던 실크 대신 형체 안정성과 탄성이 있는 울을 사용하였고, 어깨 부분을 부드럽게 둥글림으로써 가슴을 강조하였다. 엉덩이에는 패딩을 하였고 허리를 심하게 조이는 코르셋을 다시 부활시켰다. 검은색 울 크레이프 주름치마를 포함한 슈트 한 벌을 만드는 데 옷감 20마가 필요했으며, 전쟁기간 동안 사라졌던 쿠튀르의 제작 기술이 총동원되었다. 옷감 공급이 원활하지 않았던 전쟁 직후였기 때문에 옷감 낭비라는 비판도 많았지만, 이 스타일은 전쟁에 지친 많은 사람들에게 풍요로운 미래에 대한 희망을 상징했다. 그의 옷은 전쟁이 끝난 후 여성들에게 다시 요구된 '꽃 같은 여성'이라는 전통적인 여성상과 잘 어우러졌다. 이후 디오르는 H라인, A라인, Y 라인 등을 발표하며 크게 성공을 거두었다.

8. 메리 퀀트(Mary Quant, 1934~): 미니스커트의 대중화

1960년대 패션의 혁신이자 청년 문화의 상징인 미니스커트는 메리 퀀트에 의해 도입되었다. 프랑스 디자이너 앙드레 쿠레주(André Courrèges)가 미니 스커트를 창조했다고 알려져 있기도 하지만, 그 창조자가 누구이든 미니스커트가 영국 퀀트의 부티크로부터 유럽 전역과 세계로 퍼져나갔다는 사실은 분명하다. 퀀트는 짧은 스커트나 짧은 원피스 스타일에 밝은 컬러의 타이츠를 조합하는 등 아동복 스타일의 여성복을 제안하였으며, 의외의 패턴과 컬러들을 조합하기도 하였다. 체크 소재와 폴카도트 패턴을 결합하였고, 이브닝 소재에 플란넬(flannel)을 사용하거나 쇼츠 슈트(shorts suit)에 새틴 소재를 적용하기도 하였다. 남성용 양복감으로 점퍼스커트를 만들기도 하였으며, 코트와 부츠 등에 최초로 PVC를 사용하였다.

9. 조르지오 아르마니(Giorgio Armani, 1934~): 새로운 파워 슈트를 제안한 무채색의 마술사

조르지오 아르마니는 20세기 후반, 남성과 여성의 슈트 변화를 주도한 밀라노의 디자이너이다. 남성복에 사용하던 소재를 부드럽고 유연한 소재로 바꾸고 그레이와 베이지 등과 같은 중간 색조를 남성복에 사용하였다. 그는 남성복의 구조를 해체하여 다시 재단하였으며, 재킷에서 뻣뻣한 안감과 심지 등을 제거하였다. 옷은 부드러워졌으며, 어깨와 단추는 내려왔고, 옷깃은 좁아졌다. 아르마니는 여성복에도 이를 적용하여 남성 슈트이면서 남성 슈트처럼 보이지 않는 파워 슈트를 제안하였다. 심지와 다트를 없애 부드럽고 여유 있는 실루엣에 넓은 어깨와 긴 라펠로 새로운 여성 슈트를 디자인하였다. 소재로는 소모사나 트위드 소재, 또는 직접 디자인한 패턴의 고급 울 소재를 사용하였고, 재킷과 스커트가 아닌 재킷과 바지 조합을 새로운 성공의 옷차림으로 보여주었다. 아르마니는 영화 의상에도 관여했는데, 특히 영화 〈언터처블(The Untouchables)〉(1987)의 의상을 제작해 아카데미 최우수 영화의상상을 수상했다.

10. 캘빈 클라인(Calvin Klein, 1942~): 실용적 미국 패션의 선구자

캘빈 클라인은 1963년 뉴욕 패션기술대학교(FIT)를 졸업한 후 뉴욕 7번가의 의류 제조업자들 밑에서 일을 시작했다. 1968년 친구이자 사업 파트너인 배리 슈워츠(Barry Schwartz)의 도움을 받아 자신의 이름을 건 회사를 설립하게 되었다. 그는 클래식 아메리칸 스포츠웨어를 현대적인 패션으로 변화시킨 디자이너로 뉴트럴한 컬러, 여유롭고 편안한 직선적 라인, 절제된 장식의 디자인을 선보였다. 그러나 소재 면에서는 실크, 부드러운 스웨이드와 가죽, 캐시미어 등과 같은 고급 소재들을 사용하여 럭셔리함을 더했다. 또한 캘빈 클라인은 단순한 청바지 브랜드가 아닌 '디자이너 브랜드 진'의 개념을 처음으로 탄생시켰다. 특히 도발적인 광고 캠페인으로 소비자들에게 충격을 주었던 캘빈 클라인 진은 출시 첫 주 20만 벌, 이후 매주 4만 벌 이상 팔리는 큰 성공을 거두었다. 캘빈 클라인 브랜드는 액세서리, 향수와 화장품, 언더웨어, 시계 등의 영역으로 확장되었으며, 캘빈 클라인 언더웨어는 광고를 통해 새로운 젠더 이미지를 제시하기도 했다.

11. 랄프 로렌(Ralph Lauren, 1939~): 폴로(Polo) 브랜드의 창시자

1967년 랄프 로렌은 당시의 폭이 좁고 어두운 색상의 넥타이와는 정반대로 폭이 넓고 화려한 색상의 넥타이를 디자인하여 판매하면서 큰 성공을 거두었다. 스포티하면서도 우아함을 상징하는 'Polo'라는 상표명도 이때부터 사용하였다. 1968년에는 노만 힐튼(Norman Hilton)의 후원으로 폴로 남성복(Polo men's wear)을 만들었고 1971년에는 남성복 셔츠를 여성복 사이즈로 제작한 여성용 테일러드 셔츠를 만들었는데, 이때 말을 타고 있는 폴로 선수 로고가 처음 수놓아졌다. 로렌은 기존에 존재하던 스타일을 새로운 스타일로 만들어내는 데 뛰어난 디자이너였다. 테니스 선수가 입었던 피케 셔츠를 다양한 색과 소재의 폴로 니트 셔츠로 출시한 것이 대표적 예다. 로렌은 아이비리그 룩, 전원적 아메리칸 패밀리 룩 등 라이프스타일에 기초한 콘셉트를 계속적으로 소개하면서 미국적인 스타일의 대명사가 되었다. 또한 상류층의 라이프스타일을 환상적으로 그려내는 이미지 광고를 사업 확장에 적극 이용하였다. 영화에도 관심이 많아 〈위대한 개츠비(The Great Gatsby)〉(1974), 〈애니홀(Any Hall)〉(1977)에 폴로 의상을 제공하였다.

12. 파코 라반(Paco Rabanne, 1934~): 다양한 소재의 실험

프랑스에서 활동한 패션 디자이너인 파코 라반은 1966년에 플라스틱과 금속 소재를 사용하여 새로운 패션을 선보였다. 로도이드(rhodoïd)라는 플라스

틱을 작은 조각으로 자르고 구멍을 뚫은 후 금속 고리로 연결한 이 독특한 패션은 기존의 패션 상식을 뛰어넘는 것이었다. 그가 선보인 옷은 비록 입기 힘들었지만, 혁신적인 스타일을 추구하는 여성 스타들이 착용하거나 컬트 영화와 SF 영화에 선택되곤 했다. 건축을 공부하며 혁신적 실험들을 접한 경력을 가진 파코 라반은 이후에도 실험적 패션을 계속 시도하였다. 1967년에는 페이퍼 드레스, 이질적인 소재의 혼합, 수많은 삼각형의 금속 조각들이 덧붙여진 의상을 선보였다. 1968년에는 알루미늄 저지를 사용하였고, 자투리 모피를 모아서 만든 코트, 솔기가 필요 없는 미래적인 의상인 '지포(Giffo)'를 선보였다. 그는 은퇴할 때까지 PVC, 특별한 공법으로 주름을 잡은 금속성 페이퍼, 고무, 라메, 액정코팅 소재, 플렉시글라스, 광섬유 등의 새로운 재료들로 옷을 만드는 실험을 계속하였다.

13. 이세이 미야케(Issey Miyake, 1938~): 소재의 건축가

1970년 미야케 디자인 스튜디오를 도쿄에 오픈하면서 이세이 미야케의 새로운 시도들은 시작되었다. 그는 1976년에 기모노의 전통에서 나온 '한 장의 천(A Piece of Cloth)'을 발표했는데, 이는 솔기나 여밈이 없는 한 장의 정사각형 천에 소매가 추가된 의복이다. 1990년대의 '플리츠 플리즈(Pleats Please)'는 완전히 새로운 방식의 영구적인 주름을 적용한 획기적인 의복이었다. 플리츠 플리즈는 가볍고 구김이 가지 않으며 세탁이 가능한 실용적인 의복이었고, 착용자에 따라 다양한 실루엣을 만들어낼 수 있었다. 1997년에는 재단과 봉제의 과정 없이 천 한 장으로부터 옷을 만드는 A-POC(a piece of cloth) 프로젝트를 선보였다. A-POC은 긴 튜브로 된 기계 니트 패턴 소재이다. 이세이 미야케는 근본적인 형에 대한 고민, 인체와 의복의 관계에 대한 고민을 기술과 반전의 아이디어를 통해 새로운 구조의 의복으로 창조해 낸 디자이너이다.

14. 비비안 웨스트우드(Vivienne Westwood, 1941~): 펑크의 여왕

비비안 웨스트우드는 1971년 런던에서 패션 사업을 시작하였다. 그녀와 함께 했던 말콤 맥라렌(Malcolm McLaren)은 펑크록 그룹 '섹스 피스톨스(Sex Pistols)'의 매니저로, 이들은 펑크 스타일을 만들어내고 확산시켰다. 이후 웨스트우드는 역사와 문화에서 영감을 얻은 패션들을 제작하였다. 1981년에는 옛 남성복 재단법에서 영감을 받은 헐렁하고 비구조적인 셔츠와 바지, 프랑스 혁명기에 등장했던 스타일을 응용한 패션을 선보인 해적 컬렉션을, 1982년에는 북미 원주민들의 문화에 영감을 받아 만든 기하학적인 패턴의 이국적인 새비지 컬렉션을 선보였다. 또한 그녀는 트위드, 타탄체크, 니트 트윈 체크, 클래식 테일러링 등 가장 영국적인 패션 요소들을 탐구하였고, 그 공로를 인정받아 영국 여왕으로부터 1992년 OBE(4등급 훈장)에 이어 2006년 DBE(2등급 훈장)의 훈장을 받았다.

15. 미우치아 프라다 (Miuccia Prada, 1948~): 포코노를 사용한 프라다 백

이탈리아의 패션 디자이너인 미우치아 프라다는 대학에서 정치학을 전공하였지만, 1977년 그녀의 할아버지 마리오 프라다(Mario Prada)의 가죽용품 사업을 성장시키기 위해 디자이너가 되었다. 20세기 잇백(It Bag)의 하나인 프라다의 나일론 백은, 그녀가 품질 좋은 가죽 소재를 구하는 데 어려움을 겪게 되면서 탄생하였다. 그녀는 새로운 소재를 물색하던 중, 가죽 트렁크 보호용으로 사용되고 있던 포코노(pocono)에 관심을 갖게 되었다. 가벼우면서 질기고 실용적인 포코노는 당시 낙하산, 비옷, 군수품 등에 사용되던 소재였다. 포코노로 만들어진 검은색 백팩은 가볍고, 물에 젖지 않았으며, 튼튼했다. 디자인은 어떤 상황에도 잘 어울렸고 옷 스타일에도 크게 영향을 받지 않았다. 또한 프라다는 1989년, '워킹 클래스'라는 콘셉트의 여성복 컬렉션에서 자신처럼 집안일과 사회생활을 모두 해야 하는 여성들이 원하는 여성복을 선보였는데, 프라다의 여성복은 실용적이고 단순하면서도 럭셔리한 것이 특징이다.

References

Frings, G. S.(2008, 조길수, 천종숙, 이주현 역). 패션: 개념에서 소비자까지. 서울: 시그마프레스(pp. 218-219).

Laver, J.(2005, 정인희 역). 서양 패션의 역사. 서울: 시공사(pp.258-259; 276-278).

강민지(2011). 패션의 탄생. 서울: 루비박스(pp.33-51; 146-157).

김민자, 권유진, 송수원, 이예영, 최경희, 이진민, 이민선(2014). 패션 디자이너와 패션 아이콘. 파주: 교문사(pp.10-485).

송경헌, 유혜자, 김정희, 이혜자, 한영숙, 안춘순(2008). 소재기획. 파주: 형설출판사(pp.13-17).

심미숙, 김병희(2006). 패션섬유소재(개정판). 서울: 교학연구사(p. 20).

SUPPLEMENTS

1. 강의에서 학습한 패션 디자이너들에 대한 자료, 특히 패션 디자인에 대한 이미지 자료를 책이나 인터넷 검색을 통해서 더 찾아보자.
2. 그들의 어떤 작품을 대표작으로 뽑고 싶으며, 그 이유는 무엇인지 정리해 보자.

FOLLOW-UP

패션 디자이너	대표작	선정 이유

패션 디자이너	대표작	선정 이유

02

여러 나라의
패션 문화와
유통 구조 알기

INTRODUCTION

패션 산업은 대표적인 글로벌 산업이다. 다양한 패션 상품들이 세계 여러 나라에 걸친 분업으로 탄생하고 있다. 예컨대 영국에서 기획한 상품을 한국에서 디자인하면, 미국 산 면화를 가지고 중국에서 제직한 원단으로 베트남에서 재단하고 봉제하고 가공한다. 그 후에 세계 각국의 매장으로 운송되어 판매될 수 있는 것이 바로 패션 상품이다. 따라서 패션에 종사하는 사람들은 여러 나라의 패션 문화와 유통 구조를 잘 이해할 필요가 있다.

Work 4

패션 산업이 발달한 나라 조사

Working Guide : 패션 산업이 발달한 나라는 패션 상품의 생산이 많이 이루어지는 곳일 수도 있고 패션 시장이 활성화되어 패션 상품의 소비가 많이 일어나는 곳일 수도 있다. '패션'이라는 단어를 들었을 때 바로 연상되는 나라를 하나 선택하여 그 나라에 대한 이모저모를 알아봄으로써 글로벌 산업에 대한 감각을 키워 나가도록 하자. 조사하면서 참고한 문헌은 반드시 기록해 두자.

MY WORK

나라 이름	한글:	영어:	
위치			
기후			
면적		국기	
인구 수			
인구 밀도			
민족			
언어			
종교			
통화(화폐 단위)			
정치			
경제			
역사			
주요 산업			

나라 지도와 주요 도시	
관광 명소	
전통 복식	
패션 산업의 특징	
참고문헌	

LECTURE 4: 섬유패션 산업 중심지의 이동

글로벌화, 자유 무역의 확대, 교통과 정보통신 기술의 발달은 세계 섬유패션 산업의 패러다임 변화를 가져온 주요 요소들이다. 글로벌화의 진전으로 전 세계 소비자들의 취향과 라이프스타일이 동질화됨으로써 세계 시장이 하나로 통합될 수 있었다. 자유 무역이 증진되어 국가 간 거래 장벽이 낮아지고 교통과 정보통신 기술이 발달한 덕분에 소비자들은 이제 앉은 자리에서 세계 여러 국가의 상품들을 구입할 수 있게 되었다.

이러한 환경 하에서 세계 섬유패션 산업의 중심지는 끊임없이 이동하고 있다. 섬유패션 산업은 고용 창출이 용이하고 많은 시설 투자를 요구하지 않기 때문에 개발도상국에 매우 중요한 산업이다. 산업혁명 이후 제2차 세계대전 전까지 유럽과 북미가 주도하던 섬유패션 산업은 1950년대와 1960년대 초를 기점으로 하여 그 중심이 일본으로 이동하였으며, 1970년대에는 빅3로 불리던 한국, 대만, 홍콩이 일본을 제치고 세계 수위권의 수출국이 되었다. 1980년대 대부분의 후발 개발도상국들이 공업화 단계에 들어서면서 1990년대부터는 이들이 주요 수출국으로 부상하기 시작했다.

2013년 기준 세계 최대 섬유류(textile & clothing) 수출국은 중국(마카오, 홍콩 포함)으로, 세계 섬유류 수출 실적 전체의 41.3%를 차지한다. 중국 다음의 주요 수출국은 EU, 인도, 터키, 방글라데시, 베트남, 미국, 한국 순이다. 섬유(textile) 부문 역시 1위는 전체 수출액 중 38.4%를 차지하는 중국(마카오, 홍콩 포함)이며, 다음이 EU, 인도, 미국, 터키, 한국, 대만 순이다. 의류(clothing) 부문도 중국(마카오, 홍콩 포함)이 최대 수출국이며, 그 비중은 전체 중 43.3%에 달한다. 나머지 주요 수출국은 EU, 방글라데시, 베트남, 인도, 터키, 인도네시아, 미국 등이며, 한국은 19위이다.

References

Son, M. Y., & Yoon, N.(2014). Paradigm change in the Asia fashion industry: In terms of production, consumption, and trade. International Journal of Human Ecology, 15(2), 1-12.

손미영(2007). 글로벌 패션 마케팅. 서울: 창지사(pp.84-94).

한국섬유산업연합회(2015). 섬유패션 산업통계. 서울: 한국섬유산업연합회(pp.81-83).

SUPPLEMENTS

1. 앞에서 정리한 내용을 프레젠테이션 자료로 만들어 동료들 앞에서 발표해 보자(발표 시간 5분).
2. 다른 동료들은 어떤 나라를 조사하였고, 그 발표에서 기억하고 싶은 핵심 내용과 패션 산업의 특징은 무엇인지 정리해 보자.

FOLLOW-UP

나라 이름	핵심 내용	패션 산업의 특징

나라 이름	핵심 내용	패션 산업의 특징

Work 5

패션 상품의 원산지 조사

Working Guide : 상품에 붙어 있는 라벨에 'Made in Korea'와 같이 찍혀 있는 것이 원산지 표시이다. 최근 많은 SPA 브랜드의 진출과 함께 우리는 매우 다양한 나라의 이름을 원산지 표시에서 보게 되었다. 백화점이나 시내 번화가로 나가서 패션 매장들을 돌아보며 라벨에 붙어 있는 원산지 표시를 확인해 보자. 어떤 나라들이 패션 상품을 만들고 있을까?

MY WORK

조사 일시	년 월 일 요일 (: ~ :)	
조사 장소		
조사 매장	조사한 패션 상품	원산지 표시

LECTURE 5-1: 무역에 대한 몇 가지 이해

무역: 우리나라는 대외무역법(법률 제10231호)에서 무역을 "물품, 대통령령으로 정하는 용역, 대통령령으로 정하는 전자적 형태의 무체물에 대한 수출과 수입"이라고 정의하고 있다. 이처럼 국제 무역은 국가 간에 재화와 용역, 기술, 노동, 자본 등을 교환하거나 매매하는 거래행위를 말하며, ① 자원의 불균형 ② 기후나 노동력 등에 따른 효율성의 차이 ③ 대량생산에 따른 규모의 경제 등의 이유로 발생한다.

산업 내 무역(intra-industry trade): 전통적인 무역이론에 따르면 서로 다른 산업 간에 무역이 이루어지는 것이 일반적이지만, 최근에는 동일 산업 내 무역도 급증하고 있는데, 이러한 산업 내 무역은 주로 규모의 경제나 제품의 차별화라는 개념으로 설명된다. 즉, 생산 규모가 커지면 비용을 줄일 수 있기 때문에, 그리고 여러 국가에서 생산된 여러 품질, 여러 가격대, 여러 디자인의 상품들이 세계 시장의 소비자들에게 노출되는 경우 소비자들은 낮은 비용으로 다양한 상품을 소비할 수 있게 되기 때문에 산업 내 무역이 활발하게 이루어지는 것이다.

무역에서의 중력 이론(gravity theory): 중력 이론이란 두 나라 사이에 이루어지는 무역의 양이 양국의 거리가 가까울수록, 국가의 경제규모가 클수록, 그리고 양국의 국민소득 수준이 비슷할수록 커진다는 것이다.

관세(custom duties 또는 tariff): 관세란 관세선(customs frontier)을 통과하는 상품에 대하여 부과하는 세금을 말하는데, 관세선이란 관세 부과를 위한 추상적인 기준선으로서, 정치적인 국경선과 반드시 일치하지는 않는다. 관세에는 수출세, 수입세, 통과세 모두가 포함되나 오늘날 통과세를 부과하는 경우는 거의 없으며, 우리나라 관세법(법률 제11121호) 제14조는 수입 물품만을 관세 부과 대상으로 정하고 있다. 관세 부과의 1차적 목적은 국가의 재정 수입 확보에 있으나(재정관세, revenue duties), 취약한 국내 산업을 보호하는 목적(보호관세, protective duties)도 갖는다. 즉, 관세를 부과하면 국내에서 판매하는 수입 물품의 소비자 가격이 상승하기 때문에, 수입 물품과 경쟁 관계에 있는 국내 산업을 보호하는 효과가 생긴다.

비관세: 비록 관세가 대표적인 무역 통제 수단이 되지만, 관세 이외의 다른 방법으로도 무역 통제가 가능하다. 수입할당제(import quota)는 가장 대표적인 비관세 장벽이었으나 WTO 체제하에서 섬유류의 할당제는 점차적으로 폐지되었다. 엄격한 통관 절차는 여전히 중요한 비관세 장벽이다. 그밖에 특정 품목에 대한 선적검사제도, 통관 지정 항구/공항 제도, 별도 수입 자격 제한, 수입자 등급 분류 제도, 통관 강제 대상 품목 확대 지정 등 여러 방법으로 수입을 제한할 수 있다.

References
관세법. [법률 제11121호, 2011.12.31, 일부개정] [시행 2012.3.1]
김현수(2011). 퍼펙트 국제무역사: 무역영어 1급 동시대비. 부산: 세종출판사(pp.81-85).
대외무역법. [법률 제10231호, 2010.5, 일부개정] [시행 2011.10.26.]
손미영(2007). 글로벌 패션 마케팅. 서울: 창지사(pp.69-79).

LECTURE 5-2: 글로벌 분업

FTA(Free Trade Agreement, 자유무역협정)는 회원국 간 상품, 서비스, 투자, 지적재산권, 정부조달 등에 대한 관세와 비관세 장벽을 완화함으로써 상호간 교역 증진을 도모하는 특혜무역협정을 의미하며 특히 관세 철폐에 주요 초점이 맞춰져 있다. 따라서 FTA가 체결된 국가 간에는 협정 내용에 따라 상대방 국가가 원산지인 섬유 패션 상품에 대해 관세를 부과하지 않거나 관세율을 낮추어 수입한다. 그렇다면 패션 상품의 경우 원산지는 어떤 기준에 따라 결정될까?

한미 FTA에서는 섬유 분야에 대해 원칙적으로 협정당사국의 원사(yarn)를 사용하여 직물을 제직(또는 편직)하고 직물 및 의류 등 섬유 완제품을 재단·봉제해야만 역내산으로 인정하도록 하고 있는데(물론 예외 조항도 있다.) 이를 원산지 결정의 '원사기준규칙(yarn forward rule)'이라고 한다. 즉 원사부터 협정당사국에서 제조된 것이어야 한다는 뜻이다.

패션 산업에서는 이러한 기준을 실제로 충족시키기가 쉽지 않은데 패션 상품의 경우 흔히 원사-원단-재단-봉제 등으로 이루어지는 기본 제조과정에 더불어 기획, 디자인, 가공, 유통 등의 여러 기능이 통합되어야 완제품의 생산이 가능하기 때문이다. 특히 낮은 임금으로 생산 비용을 절감하여 가격 경쟁력을 확보하는 상품의 특성상 패션 산업은 대표적인 글로벌 분업이 이루어지는 산업으로, 기획과 디자인은 선진국에서 하되 생산은 개발도상국에서 하여 다시 선진국에서 유통되는 형태가 일반적이다.

우리나라에서 판매되는 옷에 붙은 "Made in" 라벨 속의 나라 이름은 보통 봉제가 이루어진 나라이지만 실제로 그 상품의 원단이 만들어진 나라, 그 원단의 섬유가 생산된 나라, 또 그 옷이 디자인된 나라, 그러한 옷을 만들고자 기획한 나라는 모두 다를 수 있다. 통상 제조업체가 자체 생산하지 않고 해외에서 상품을 소싱하는 방법으로는 패키지 생산 방식(production package), 임가공방식(cut, make, and trim; CMT), 해외봉제(offshore assembly)의 세 가지가 있다.

다음 도식은 한국 패션업체가 국내 시장에 판매하기 위한 내수용 패션 상품 생산과정을 나타내고 있다. 도식을 보면, 상품기획과 디자인은 한국에서 하고 중국산 원단을 사용하여 베트남에서 제조하고 있다. 즉, 원자재 구매처와 봉제처가 각기 다른 국가인 경우로 중국에서 구입한 옷감을 봉제가 이루어지는 베트남(제3국)으로 보낸 후 완제품을 국내로 수입하는 것이다. 한·ASEAN FTA 특례법 시행 규칙 또는 협정문 부속서에 따르면 이 상품은 베트남산으로 관세 특혜를 받을 수 있다. 그밖에 국내 원단을 해외 생산지로 보내어 봉제한 후 완제품을 역수입하거나 봉제와 원단 생산 모두 같은 해외 생산지에서 소싱한 후 완제품을 수입하는 경우도 있다.

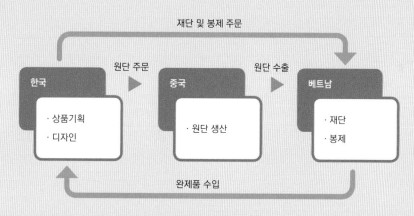

한국 의류업체의 글로벌 소싱 사례
관세청 자료(2007)로 재구성

References
관세청 (2007), 한·ASEAN FTA: FTA 100% 활용 가이드(p.10).
외교통상부 홈페이지(www.mofat.go.kr)
자유무역협정 홈페이지(www.fta.go.kr)

LECTURE 5-3: 패션 상품의 주요 생산지

패션 산업은 기본적으로 노동력이 많이 요구되는 산업이다. 따라서 해외 생산지를 선택할 때는 풍부한 노동력과 저임금이 중요한 기준이 된다. 그리고 전력 상태나 시설 및 운송 인프라 및 관세 등도 중요한 요소로 고려된다. 해외 소싱을 많이 하는 국가인 미국의 의류제조업체들은 아시아 국가들, 멕시코, 중앙아메리카 국가들, 동유럽 국가들을 생산지로 선호한다. 멕시코와 중앙아메리카 국가들은 지리적으로 가까우며 관세 면에서 유리한 데 비해, 아시아 공장들은 생산 시스템이 효율적이며 품질이 우수한 제품을 생산할 수 있다. 다음에 미국의 해외 주요 생산지들의 장단점을 정리해 보았다.

1. 중국
최근 미국의 의류 최대 생산지는 중국이다. 노동력 측면에서 저임금과 높은 생산성이 강점이며, 품질과 가격 수준에 관계없이 모든 의복과 섬유 제품을 만드는 데 최고로 평가된다.

2. 인도
상대적으로 임금이 낮은 기능 인력과 전문 디자인 인력이 풍부하다. 다양한 범위의 의류 및 홈 텍스타일 생산이 가능하며, 자수, 구슬 장식 작업에 뛰어나다. 관료적이고 복잡한 절차와 운송 수단 등의 문제로 에이전트를 이용해야 하는 것이 단점이다.

3. 멕시코
지리적으로 가까우며, 북미자유무역협정(NAFTA)에 의해 멕시코로부터의 수입은 관세가 부여되지 않기 때문에 선호되는 국가이다. 대량생산을 하는 베이식 의류, 청바지, 속옷 등의 제품 생산이 주류를 이룬다. 상대적인 고임금, 품질과 생산의 신뢰성 부족, 경영책임 미흡, 디자인과 전문기술 취약 등이 약점이다.

4. 중앙아메리카 국가들
과테말라, 엘살바도르, 니카라과, 온두라스, 코스타리카 같은 중남미 지역들은 중미자유무역협정(CAFTA) 때문에 매우 매력적인 생산지가 되었다. 지리적으로 가까워 신속한 생산을 선호하는 미국 제조업체들이 베이식 스타일 상품의 생산지로 활용하고 있다.

5. 동유럽
러시아의 주요 생산지였던 동유럽의 경우 최근 미국과 유럽 제조업체의 소싱지가 되고 있다. 리즈 클레이본이나 리바이스와 같은 미국 일부 의류업체들이 동유럽 생산 공장을 사용하고 있다. 그러나 시장 개방 이전의 시스템이 여전히 남아 있어, 빠르고 정확한 납기 일정에 적응하는 데 어려움이 있는 것으로 평가된다.

References
Frings, G. S,(2008, 조길수, 천종숙, 이주현 역). 패션: 개념에서 소비자까지. 서울: 시그마프레스(pp.263-267).
손미영(2007). 글로벌 패션 마케팅. 서울: 창지사(pp.240-243).

SUPPLEMENTS

1. 다음 유럽 지도 속에 각 나라의 이름을 적어 보자. 유럽 나라들의 위치에 대한 나의 지식은 어느 정도가 될까?
2. 유럽 지도 작업이 재미있다면 아시아 지도를 찾아서 알고 있는 나라들의 위치를 확인해 보자.

03

패션 소재의
트렌드 알기

INTRODUCTION

이제 패션의 흐름과 글로벌 패션 산업의 구조 등 패션 소재기획을 위한 기초가 어느 정도 다져졌을 것이다. 그렇다면 패션 소재를 이해하는 핵심 과정으로 넘어가도록 하자. 모든 종류의 기획에 앞서서 우리는 트렌드를 파악해야 한다. 시장에 받아들여지지 않는 상품, 소비자들이 관심을 주지 않는 상품은 상품으로서의 존재 가치가 없기 때문이다. 패션 소재의 트렌드 정보를 구할 수 있는 패션 전문 정보회사와 소재 박람회를 살펴보고, 각종 대중매체의 보도 내용과 스트리트 패션 분석을 통해 직접 패션 소재의 트렌드를 분석해 보자.

Work 6

패션 전문 정보회사와 소재 박람회 조사

Working Guide : 패션 전문 정보회사는 주로 회원제로 운영하면서 다양한 시각적 자료 및 샘플과 더불어 패션 트렌드 정보를 판매한다. 이들이 제공하는 정보 속에는 소재 정보도 포함되어 있으며, 실제로 패션 소재 정보는 다른 패션 정보와 통합되어 패션 상품에 적용된다. 한편 세계의 패션 센터들에서는 다양한 소재 박람회가 개최되는데, 소재 박람회는 옷을 만들 수 있는 완성된 천을 소재업체가 전시하고 디자이너나 패션업체의 바이어가 박람회장을 둘러본 후 그 자리에서 혹은 박람회 후에 소재를 주문하고 거래가 이루어지는 장이다. 세계적으로 유명한 패션 전문 정보회사와 소재 박람회에 대하여 그들의 홈페이지를 방문하여 조사해 보자.

MY WORK

패션 전문 정보회사: 프로모스틸(Promostyl)	
웹사이트 주소	
소재지	
제공 정보	
특징	

패션 전문 정보회사: 페클레파리(PeclersParis)	
웹사이트 주소	
소재지	
제공 정보	
특징	

패션 전문 정보회사: 넬리로디(Nelly Rodi)	
웹사이트 주소	
소재지	
제공 정보	
특징	

소재 박람회: 프레미에르비종파리(Premiere Vision Paris)	
웹사이트 주소	
개최 시기	
개최 장소	
규모	
구성(주요 품목)	
주요 바이어	
특징	

소재 박람회: 밀라노우니카(Milano Unica)	
웹사이트 주소	
개최 시기	
개최 장소	
규모	
구성(주요 품목)	
주요 바이어	
특징	

소재 박람회: 인터텍스타일상하이(Inter Textile Shanghai)	
웹사이트 주소	
개최 시기	
개최 장소	
규모	
구성(주요 품목)	
주요 바이어	
특징	

소재 박람회: 프리뷰인서울(Preview in Seoul, PIS)	
웹사이트 주소	
개최 시기	
개최 장소	
규모	
구성(주요 품목)	
주요 바이어	
특징	

소재 박람회: 프리뷰인대구(Preview in Daegu, PID)	
웹사이트 주소	
개최 시기	
개최 장소	
규모	
구성(주요 품목)	
주요 바이어	
특징	

LECTURE 6: 패션 트렌드 분석

패션이 진행하여 나아가는 방향을 패션 트렌드라고 할 수 있으며, 보통 패션 트렌드라고 할 때 우리는 새로운 계절을 주도할 패션 스타일을 말한다. 패션 트렌드에 관한 정보는 전문 정보회사의 자료를 유료로 제공받아서 얻는 경우가 많고 그밖에도 소재 박람회와 컬렉션이 제공하는 자료, 업계 신문과 잡지의 기사, 전문가의 의견 등을 활용할 수 있다.

비록 SPA(specialty retailer of private label apparel)형 패스트 패션이 확산되면서 제품의 공급 주기가 엄청나게 짧아졌지만, 패션 트렌드 분석은 6개월을 단위로 하는 것이 패션 산업의 오래된 관행이다. 즉 패션 상품을 기획하는 기업들은 매년 두 차례 다음 해나 다음 시즌의 생산과 판매를 위해 차년도의 봄/여름(S/S, spring/summer)과 가을/겨울(F/W 혹은 A/W, fall/winter 혹은 autumn/winter) 시즌의 인플루언스(influences), 패션 테마(fashion themes), 색채(colors), 소재(fabrics), 스타일(style), 디테일(details) 등에 관한 트렌드를 분석한다. 업종에 따라 액세서리(accessory)나 메이크업(make-up)을 함께 분석할 수도 있다.

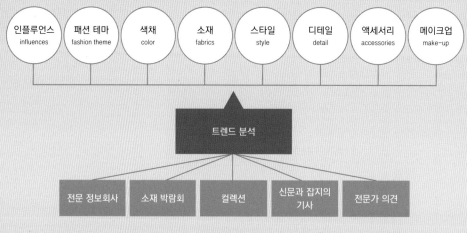

패션 트렌드 분석

References
정인희(2011). 패션 시장을 지배하라. 서울: 시공아트(pp.76-88).

SUPPLEMENTS

1. 박람회 일정표를 검색해 보고 가까운 날짜에 개최되는 소재 박람회를 방문해 보자. 참가한 박람회에 대한 개요, 수집한 스와치(swatch, 소재의 견본), 소감 등을 정리해 보자.
2. 한국의 소재 박람회가 세계적인 소재 박람회가 될 수 있는 방안에 대하여 동료들과 토론해 보자.

FOLLOW-UP

방문한 소재 박람회:	방문일자: 년 월 일
웹사이트 주소	
개최 일시	
개최 장소	
규모	
구성(주요 품목)	
주요 바이어	
특징	
소재 트렌드	
스와치	
방문 소감	

Work 7

대중매체를 통한 패션 소재 트렌드 조사

Working Guide : 패션 전문 정보회사에서 제공하는 패션 소재 정보는 비회원으로서 접근하기 어렵고 특정 시기, 특정 장소에서 개최되는 소재 박람회도 학생의 입장에서는 방문하기가 쉽지 않다. 대신 이들이 제시하는 트렌드 정보는 대중매체를 통하여 접할 수 있다. 최근의 기사나 보도 자료 들을 통해 최근 2년에 걸친 패션 소재 트렌드를 조사해 보자. 출처를 반드시 기록해 두자.

MY WORK

구분	소재 테마	섬유성분	직조 및 가공	컬러 및 무늬
년도 S/S [출처]				
년도 F/W [출처]				

구분	소재 테마	섬유성분	직조 및 가공	컬러 및 무늬
년도 S/S [출처]				
년도 F/W [출처]				

LECTURE 7: 소재 박람회와 패션 컬렉션

최근의 소재 박람회는 여러 유형의 박람회를 통합하여 원사에서 직물, 부자재 등을 동시에 한곳에서 선보이는 경향을 보인다. 메세프랑크푸르트처럼 거대 글로벌 박람회 전문 기업이 등장하여 전 세계의 주요 도시에서 특징적인 박람회를 개최하기도 하고, 또한 프레미에르비종처럼 세계적인 유명 박람회가 자체적으로 고유의 개최지 이외의 세계 주요 도시를 순회하기도 한다.

전통을 자랑하는 대형 소재 박람회는 1월에서 3월 사이에는 다음 해 봄/여름 시즌의 소재를, 7월에서 10월 사이에는 다음 해 가을/겨울 시즌의 소재를 선보인다. 즉 시장에서 판매되는 옷의 소재가 1년 전에 결정되는 것이다. 2015년 가을에는 밀라노우니카가 9월 8일에서 10일까지, 프레미에르비종이 9월 15일에서 17일까지 개최된다.

패션 컬렉션은 보통 1월과 2월 중에 바로 다음 가을과 겨울 시즌 상품을, 8월과 9월 중에 다음 봄과 여름 시즌 상품을 선보인다. 즉 시즌이 시작되기 전 6개월 정도 앞서서 무엇이 팔릴 것인지 결정되는 것이다. 세계 4대 컬렉션은 서로 겹치지 않게 순차적으로 진행되는데, 여성복은 뉴욕, 런던, 밀라노, 파리의 순서이고, 남성복은 런던, 밀라노, 파리, 뉴욕의 순서이다.

컬렉션을 통해 유통업체 바이어들은 판매를 위한 옷을 주문하고 언론은 새로운 시즌의 새로운 스타일을 보도한다. 대중 패션 상품 제조업체들은 컬렉션을 트렌드 정보원으로 활용하여 유명 디자이너들의 하이패션 디자인을 모방한 제품을 생산하는 방식으로 새로운 스타일이 확산된다.

〈2014, 2015년 시즌 세계 4대 여성복 컬렉션 개최일자〉

구 분	2014 S/S	2014 F/W	2015 S/S	2015 F/W
뉴욕	2013. 9. 5 – 9. 12	2014. 2. 6 – 2. 13	2014. 9. 4 – 9. 11	2015. 2. 11 – 2. 19
런던	2013. 9. 13 – 9. 17	2014. 2. 14 – 2. 18	2014. 9. 12 – 9. 16	2015. 2. 20 – 2. 24
밀라노	2013. 9. 18 – 9. 23	2014. 2. 19 – 2. 24	2014. 9. 17 – 9. 22	2015. 2. 25 – 3. 3
파리	2013. 9. 24 – 10. 2	2014. 2. 25 – 3. 5	2014. 9. 23 – 10. 1	2015. 3. 3 – 3. 11

〈2014, 2015년 시즌 세계 4대 남성복 컬렉션 개최일자〉

구 분	2014 S/S	2014 F/W	2015 S/S	2015 F/W
뉴욕	2013. 9. 3 – 9. 11	2014. 2. 4 – 2. 13	2014. 9. 3 – 9. 11	2015. 2. 5 – 2. 18
런던	2013. 6. 16 – 6. 18	2014. 1. 6 – 1. 8	2014. 6. 15 – 6. 17	2015. 1. 9 – 1. 12
밀라노	2013. 6. 22 – 6. 25	2014. 1. 11 – 1. 14	2014. 6. 21 – 6. 24	2015. 1. 17 – 1. 20
파리	2013. 6. 26 – 6. 30	2014. 1. 15 – 1. 19	2014. 6. 25 – 6. 29	2015. 1. 21 – 1. 25

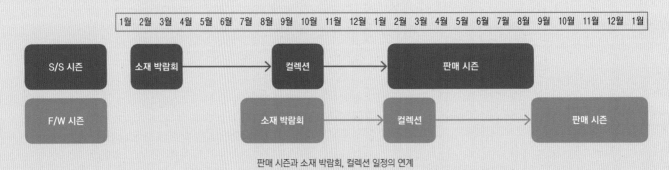

판매 시즌과 소재 박람회, 컬렉션 일정의 연계

References
정인희(2011). 패션 시장을 지배하라. 서울: 시공아트(pp.76-88).

SUPPLEMENTS

1. 패션 소재 트렌드와 같은 시즌의 패션 컬렉션에 관한 정보를 찾아보자. 패션 소재의 테마가 패션 컬렉션 의상에 어떻게 적용되고 있는지 분석해 보자.
2. 잡지, 일반 신문, 패션 전문 신문 중에서 하나를 선택하여 현재의 패션 트렌드 이슈를 한 가지 발표해 보자.

FOLLOW-UP

구분	패션 소재 트렌드	패션 컬렉션 반영 트렌드 알기
년도 S/S [출처]		
년도 F/W [출처]		

Work 8

스트리트 패션을 통한 패션 트렌드 분석

Working Guide : 패션은 소비, 즉 착용을 통해서 하나의 현상으로 완성된다. 이제 거리로 나가 실제 소비자들의 옷차림을 살펴보자. 3~4명이 팀을 이루어 대학가, 시내 번화가, 패션 특화거리 등 한 곳을 선택하여 스트리트 패션을 분석해 보자. 스트리트에서 만난 패셔니스타의 사진도 본인의 동의를 얻어 촬영해 보자. 이 작업을 위해 팀 동료들과 함께 다른 도시로 작은 여행을 떠나 보는 것도 좋겠다.

MY WORK

관찰 지역	
관찰 일시	년 월 일 요일 (: ~ :)
팀 동료	
관찰 방법	
거리의 특징	
유동 인구의 특징	
스트리트 패션	

패셔니스타	
관찰 소감	

LECTURE 8: 패션 확산 과정을 알 수 있는 패션 카운트

세상의 모든 존재는 수명을 가지며, 패션 상품도 예외가 아니다. 특히 패션은 변화한다는 것이 그 본질적인 속성이므로, 패션 상품의 수명주기(life cycle)를 잘 파악하는 것은 다른 상품에 비해서 훨씬 더 중요하다. 패션 상품의 수명주기는 패션 확산곡선으로 표현될 수 있다. 즉 어떤 패션 상품이 시장에 출현한 이후 얼마나 많은 사람들에 의해 채택되었는가를 그래프로 그릴 수 있는 것이다. 이때 X축은 시간, Y축은 채택자 수로 표시할 수 있으며, 이때 신규 채택자 수는 판매 실적을 통해 확인할 수 있다.

패션 확산곡선은 실제 기간별 판매 실적을 통해 구성될 수도 있지만 거리 관찰을 통해서도 구성할 수 있다. 즉 얼마나 많은 사람들이 그 패션을 채택한 상태인가를 파악함으로써 향후 진로를 가늠할 수 있게 된다. 거리에서 실제로 특정 패션을 착용한 사람들의 숫자를 기록하여 분석하는 방법을 패션 카운트라고 한다. 패션 카운트에서는 분석의 단위를 정하고 사전에 조사양식을 만드는 일이 매우 중요하다. 예를 들어 어느 시점에서 20~30대 남녀의 티셔츠 착용 색채 조사를 한다면 다음과 같은 조사양식 표를 작성할 수 있다.

조사시점 :　　　년　　　월　　　일　　　시　　　분 ~　　　시　　　분

조사장소 :

기록자 :

구분	빨간색	노란색	녹색	파란색	보라색	흰색	회색	검은색
선명한(vivid)								
밝은(bright)								
진한(deep)								
맑은(pale)								
어두운(dark)								
탁한(grayish)								

패션 카운트 조사양식

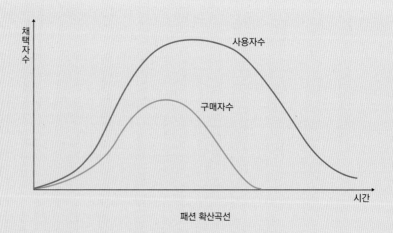

패션 확산곡선

References

정인희(2011). 패션 시장을 지배하라. 서울: 시공아트(pp.175-177).

SUPPLEMENTS

1. 앞에서 정리한 내용을 보드 혹은 프레젠테이션 자료로 만들어 동료들 앞에서 발표해 보자(발표 시간 5분).
2. 다른 동료들은 어느 지역을 조사하였고, 그 발표에서 인상적인 내용은 무엇인지 정리해 보자.

FOLLOW-UP

조사 지역	인상적인 내용

Sample : 스트리트 패션 분석 보드 과제 사례

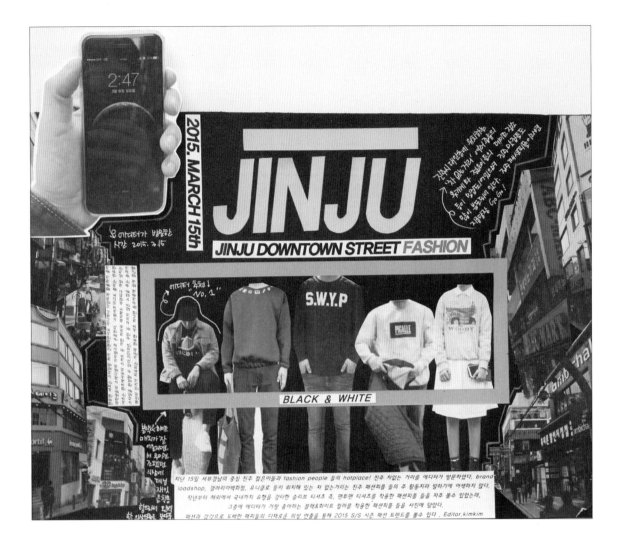

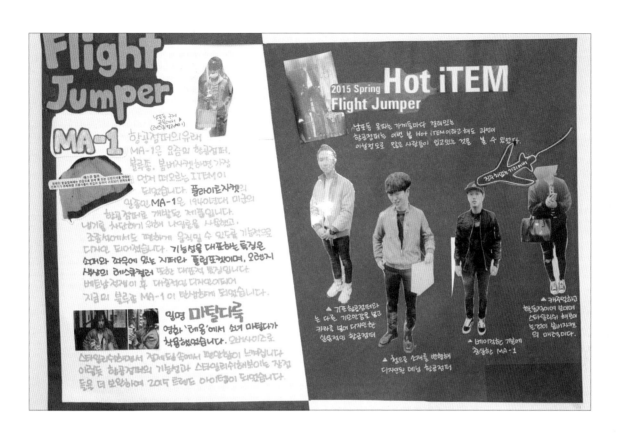

04

패션 소재의
특성과
감성 분석하기

INTRODUCTION

패션 디자인이라고 하면 옷의 형태만을 생각하기 쉽지
만, 실제로 옷을 착용했을 때의 최종적인 형태는 소재에
의해 결정된다고 해야 할 것이다. 즉 동일한 의복 패턴으
로도 소재의 차이를 통해 다른 패션 상품을 만들어낼 수
있는 것이다. 실제로 오늘날 패션 상품의 가치를 좌우하
는 데에는 소재의 역할이 크다. 이제 소재의 특성을 이해
하고 소재 감성을 분석해 보면서 패션 상품에 소재를 잘
적용할 수 있는 능력을 향상시키도록 하자.

Work 9

패션 소재 에세이 쓰기

Working Guide : 소재는 어떤 섬유로 만들어졌는지, 두 가지 섬유가 함께 사용되었다면 그 혼용 비율은 어떠한지, 섬유가 얼마나 굵고 섬유로 만들어진 실은 어떻게 구성되고 가공되었는지, 어떤 방식으로 천(직물 혹은 편물 등)의 형태를 만들었는지, 기능을 부여하거나 표면 효과를 내기 위해 천의 상태에서 어떤 가공을 했는지 등에 의해 다른 특성을 가지게 된다. 옷을 입으면서 느낌이 좋았던 소재에 대해 섬유의 수준이든지(예: 면, 모) 직물이나 편물의 수준이든지(예: 옥스퍼드, 저지) 간에 그 특성을 조사하여 에세이 형식으로 소개해 보자. 멋진 제목도 붙여 보자.

MY WORK

제목	

내 친구 폴리에스테르를 소개합니다. -정유진

내 친구 폴리에스테르는 주변 사람들에게 인기가 높다. 비록 면, 마, 모, 견과 같은 천연(자연) 미인은 아니지만…… 내가 봐도 내 친구 폴리에 스테르는 장점이 많은 좋은 친구이다. 폴리에스테르는 이름이 너무 길어서 나는 PET(피·이·티)라고 줄여서 부르기도 한다.

PET는 일단 몸매가 잘 잡혔다. 매일 술 한 잔 한 듯한 모습으로 흐느적거리는 나일론 친구와는 달리 항상 바른 자세를 보여준다. 그래서 의류 소재용 직물로 가장 적합하다고 한다.

PET는 또한 몸에 뭘 바르고 다니는지 몸에서 광택이 넘쳐흐른다. 그런데 어느 날 알고 보니 놀랍게도 그 광택은 자연산이라고 했다. PET는 자 신이 가진 그 광택이 너무 부담스러워서 무광택 처리를 하거나 알칼리 감량가공 등을 하여 광택을 줄이는 시술도 받아보았다고 내게 솔직히 얘기했다. 면은 내게 광택이 없어서 고민이라고 얘기한 적이 있는데…… 역시 완벽한 친구는 없는 것 같다. 히히^^

또한 PET는 통이 커서 수증기 같은 건 잘 안 먹고, 액체 상태의 물은 아주 잘 마신다. 그래서 땀을 흡수해야 하는 스포츠웨어에도 인기가 높다 고 한다.

PET는 비중이 1.38이었다. 신체검사할 때 내가 몰래 봤는데 면은 1.54로 무거운 편이었고, 나일론은 1.14로 가벼운 편이었다. 신체검사 때마다 면이 부끄러워했는데 난 그 이유를 알고 있었다. 히히. 아무튼 내 친구 PET는 몸무게도 적당하고, 자기 관리를 잘 하는 것 같다.

또한 PET는 아주 강한 친구이다. 강도와 신도가 매우 크며 강도는 4~7g/d라고 한다. 마모강도 측정대회에서는 비록 나일론에게 졌지만, 의류 소재로 사용할 때 닳아서 해어질 염려는 없다고 한다. 또한 햇볕에 오래 서 있어도 몸이 잘 견딘다.

유리가 얼굴을 덮고 있을 때는 오랜 시간 햇볕을 봐도 얼굴이 노랗게 뜨지 않는다고 한다. 면, 견, 모, 마와 같은 천연 미인들은 PET의 이런 점 을 아주 부러워한다. 특히 견은 햇볕에 약해서 조심하지 않으면 '황변'이라는 병에 쉽게 걸린다.

PET는 또한 약품에 대해서 저항성이 좋으며, 산에도 강하고 알칼리에도 강하다. 그러나 강알칼리에는 용해되는데, 알칼리 감량가공 시술에 이러한 점을 이용한다고 한다. 세제나 드라이클리닝 용매에 손상을 입지 않는다고 하니 피부 관리에 신경을 덜 쓸 수 있는 점도 부럽게 느껴진 다. PET는 목욕을 아무리 해도 몸이 상하지 않고 튼튼해서 항상 깨끗하게 다닐 수 있다고 은근히 나에게 자랑하기도 했다.

또한 열가소성이 있어서 몸의 형태를 원하는 대로 고정할 수 있고, 이 형태가 목욕을 해도 변형되지 않는다고 한다. 그러나 뭐니 뭐니 해도 내 친구 PET의 가장 큰 장점은 주름(구김)이 안 생긴다는 것이다. 면이나 마는 주름이 쉽게 생겨서 자주 거울을 보며 늘어나는 주름에 우울해하 곤 하는데 말이다. 탄성 회복률이 커서 언제나 팽팽한 피부로 젊음을 간직하는 PET! 정말 부럽다.(주름을 없애기 위해 뜨겁게 달군 철판으로 온몸을 비벼야 하는 면도 볼 때마다 가슴이 아프지만, 마가 자신은 생겨버린 주름이 그나마 잘 회복되지도 않아 차라리 그 주름을 멋이라 여 기고 살아간다고 했을 때는 어떻게 위로의 말을 해주어야 할지 몰라 난감했었다.)

이렇게 얘기하다보니, 아무리 내 친구지만 장점이 너무 많은 것 같다. 그렇지만 하늘은 공평하다고, 나는 PET를 사귀면서 몇 가지 단점도 발견 할 수 있었다.

우선 PET는 열전도율이 높아 보온성이 좋지 못하다. 그래서 날이 추울 때는 그다지 사랑받지 못한다. 촉감이 차가워서 가끔은 나도 피해 다녔 던 기억이 난다. 그리고 흡습성이 낮아서 정전기가 잘 생기기 때문에 함께 다닐 때는 조심해야 한다. 가끔은 기름때에 오염되고 그것이 잘 빠 지지 않아서 괴로워하기도 한다. 그렇지만 이런 단점 때문에 내 친구 PET를 미워했던 적은 한 번도 없었다. 사랑스러운 내 친구^^.

내가 이렇게 갑자기 PET란 친구를 소개하는 이유는 대구 지하철 참사 때 불길 속에서 한 줌의 재로 사라진 내 좋은 친구를 많은 사람들에게 알리고 싶어서이다. 친구를 잃은 그 당시를 떠올려 보면 아직까지도 PET에 대해 잘 모르는 사람이 많아 안타까웠다. TV 뉴스에서는 대구 지 하철 참사를 여러 차례 반복해서 방영하고 있었고, 사건 현장에 있던 목격자들의 인터뷰가 잇달아 나오고 있었다. 그중 한 목격자의 말에 따 르면, PET는 불 속에서 몸이 오그라들고 녹으면서 죽어갔다고 한다. 그의 타들어가는 몸에서는 자극성의 냄새와 함께 검은 연기가 났으며, 불 속에서 그를 가까스로 꺼냈을 때 불은 저절로 꺼졌으나, 그는 이미 죽어 있었으며 한 줌의 검은 재만 남았다고 한다. 그의 재라도 찾으려고 현장에 달려갔으나 연기와 잿더미 속 어디에서도 그의 흔적을 발견할 수 없었다.

비록 내 친구는 세상을 떠났지만, 이렇게 그를 세상 사람들에게 소개할 수 있어서 마음이 뿌듯하고 다행스럽다. 이상으로 내 친구 폴리에스테 르의 소개를 마친다.

LECTURE 9: 옷이 만들어지는 과정

섬유로부터 최종 섬유제품까지 이어지는 일련의 과정은 기업 운영의 측면에서는 독립적이지만 기업 기능의 측면에서는 수직적이며 상호의존적이다. 따라서 섬유패션 산업에서는 이를 흐르는 강물에 비유하여 업스트림(up stream), 미들스트림(middle stream), 다운스트림(down stream)이라는 용어를 적용하여 산업간 관계를 나타내기도 한다.

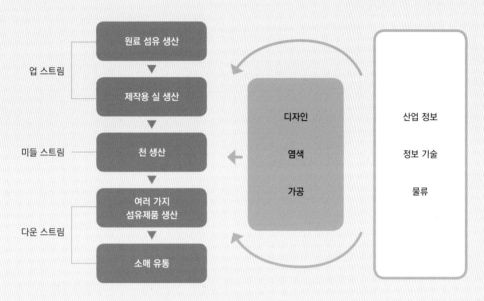

섬유패션 산업의 구성

섬유의 종류는 크게 천연섬유와 화학섬유(혹은 인조섬유)로 나눈다. 대표적인 천연섬유 네 가지는 면(cotton), 마(linen), 견(silk), 모(wool)이다. 면과 마는 식물성 섬유이고 견과 모는 동물성 섬유이다. 화학섬유는 다시 재생섬유와 합성섬유로 구분한다. 레이온과 아세테이트, 리오셀은 자연에 존재하는 셀룰로오스에 화학공정을 가하여 만든 재생섬유이고, 나일론, 폴리에스테르, 아크릴, 폴리우레탄 등은 석유를 원료로 하여 만든 합성섬유이다.

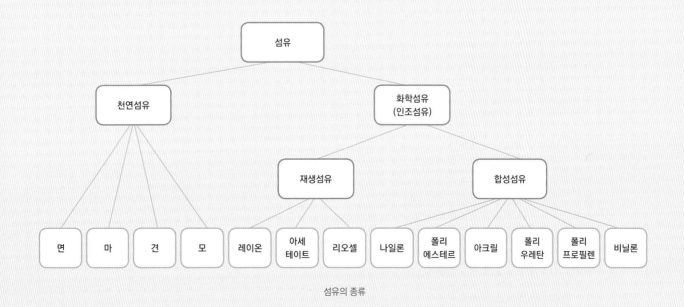

섬유의 종류

천은 경사와 위사가 교차하여 제직되는 직물(woven fabric), 한 가닥의 실로 고리를 만들어서 걸어가며 천을 만드는 편성물(knitted fabric), 그리고 제직이나 편성의 과정 없이 섬유를 서로 얽히게 하는 방법으로 만든 부직포(non-woven fabric)가 있다. 복합소재는 직물과 편성물, 직물과 부직포 등 두 종류 이상의 천을 복합하여 제조된다.

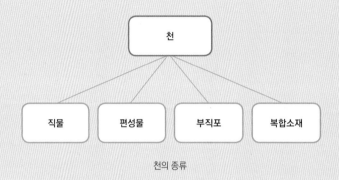

천의 종류

염색가공은 옷을 만드는 과정에서 감성과 기능성을 극대화하는 기술이다. 섬유, 원사, 가공사, 천, 옷 등 모든 섬유제품은 염색가공을 거침으로써 색상, 촉감, 광택 등의 감성과 구김 방지나 오염 방지를 위한 여러 기능이 더해진다.

염색가공은 크게 전처리 공정과 염색공정, 가공공정으로 구분할 수 있다. 전처리 공정은 보통 발호, 정련, 표백 등으로 구성되는데 섬유제품의 불순물 및 색소를 제거하는 단계이며 때로는 면섬유의 머서화나 폴리에스테르 섬유의 알칼리 감량가공이 행해지는 경우처럼 그 자체로서 독특한 물성을 발현시키기도 한다.

염색은 섬유제품에 색을 부여하는 공정으로 침염과 날염으로 구분된다. 침염은 섬유, 원사, 가공사, 천, 옷의 모든 섬유제품 단계에서 적용 가능하며, 섬유의 내부 혹은 표면에 염료(dyes)가 균일하게 퍼지도록 하여 색을 내는 공정이다. 날염은 안료(pigments)를 섬유제품 위에 부착하여 다양한 무늬를 표현하는 방법이다. 침염은 염료 종류에 따라 직접 염법, 반응 염법, 환원 염법, 분산 염법 등 서로 다른 방법이 사용된다. 날염은 방법에 따라 직접 날염, 발염 날염, 방염 날염, 전사 날염, 디지털 날염 등으로 구분된다.

가공은 물리화학적인 방법을 통해 색상을 제외한 표면 효과와 기능을 섬유제품에 부여하는 공정이다. 섬유 소재에 따라 면직물 가공, 양모직물 가공, 합성직물 가공 등으로 분류할 수 있고 가공 목적에 따라 일반 가공과 특수 가공으로 나눌 수 있다. 일반 가공은 섬유 소재로서의 고유한 특성을 부

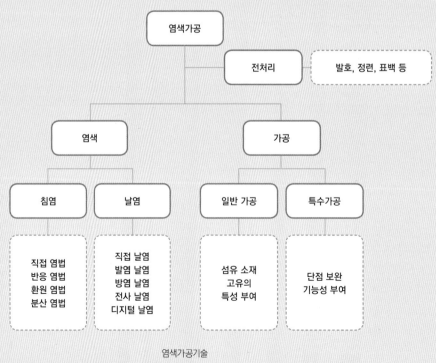

염색가공기술

여하는 공통적인 가공이며, 특수 가공은 기능성 가공이라고도 하여 섬유 제품의 단점을 보완하거나 새로운 기능을 부여하기 위해 행하는 것이다. 최근 사회 전반적인 트렌드인 '웰빙(well-being)'이 패션 소재에도 반영되어, 흡한 속건, 항온, 항균 등의 특성을 가진 기능성 소재가 많이 등장하였다.

일련의 과정을 거친 후 상품화되는 가장 대표적인 최종 섬유제품은 옷이지만, 가방이나 신발도 섬유제품인 경우가 많다. 이불, 커튼, 소파, 카펫, 벽지와 같은 홈 텍스타일, 식탁보, 행주, 냄비장갑 같은 주방용품, 수건이나 때밀이타올 같은 욕실용품, 거즈나 붕대 같은 의료보조용품, 그 외에도 우산, 텐트, 자동차시트, 낙하산 등 섬유제품의 종류를 들자면 끝이 없다. 심지어는 그림을 그리는 캔버스, 소리가 나게 하는 기타줄, 이빨을 닦는 칫솔에도 섬유가 사용된다. 이만큼 섬유제품은 우리 생활과 밀접한 관련을 가지고 있고 우리는 섬유제품 없이 하루도 살아가기 어려울 것이다.

References

Hatch, K. L.(1993). Textile Science. St. Paul, MN: West Publishing Company(pp.382–390).
정인희(2011). 패션 시장을 지배하라. 서울: 시공아트(pp.41–44).

SUPPLEMENTS

1. 작성한 에세이를 동료들 앞에서 발표해 보자(발표 시간 5분).
2. 다른 동료들의 발표를 들으며 다른 패션 소재의 특성에 대해서도 정리해 보자.

FOLLOW-UP

패션 소재	소재의 특성

패션 소재	소재의 특성

Work 10
소재 감성 평가 및 감성 그래프 작성

Working Guide : 소재 감성 평가를 위해 먼저 원단 시장을 방문하여 여러 가지 소재를 구경한 후 마음에 드는 소재를 하나 구입해 보도록 하자. 소재를 구입하면서 구입처로부터 다음과 같은 정보를 함께 조사하자. 마음에 드는 소재를 구입한 후 그 소재로 무엇을 만들면 좋을지 생각해도 좋고, 먼저 용도를 결정한 후 그에 적합한 소재를 구입해도 좋다.

MY WORK

(스와치 붙이는 곳)

소 재 명		
구입처	점포명	
	위치	
	전화번호	
	주요취급품목	
소재특성	섬유성분비	
	조직	
	제직폭	
가격		
주용도		

LECTURE 10-1: 소재의 재질감과 감성

소재의 감성, 즉 재질감은 여러 감각이 혼합되어 종합적으로 지각되는 것으로 시각에 의한 재질감은 표면의 특성, 촉각에 의한 재질감은 태의 특성과 관련된다. 그러나 재질감의 측정 시 '따뜻해 보인다'와 '따뜻한 감촉이다'는 똑같이 '따뜻하다'로 표현될 수 있으므로 실제로 시각과 촉각을 엄격하게 구분하기는 힘들다.

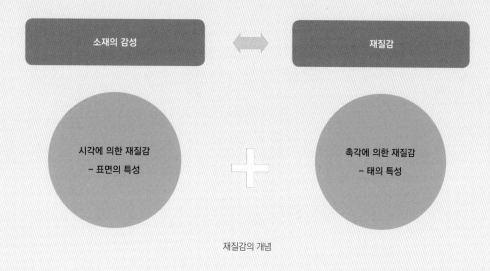

재질감의 개념

가장 일반적으로 어떤 소재의 재질감은 두꺼운(thick), 얇은(thin), 딱딱한(hard), 부드러운(soft), 까칠까칠한(rustic), 매끈매끈한(flat), 건조한(dry), 촉촉한(wet)의 8개 형용사로 구성된 4개 감성축에 의해 표현되고 있다.

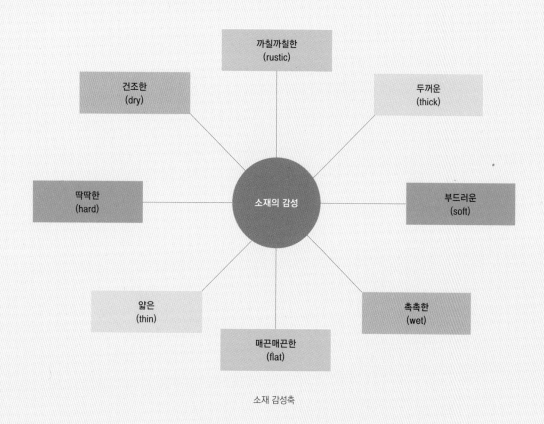

소재 감성축

감성 평가에 도움이 되도록 이들 기본 감성과 유사하게 표현되는 감성 용어들을 정리해 보면 다음과 같다.

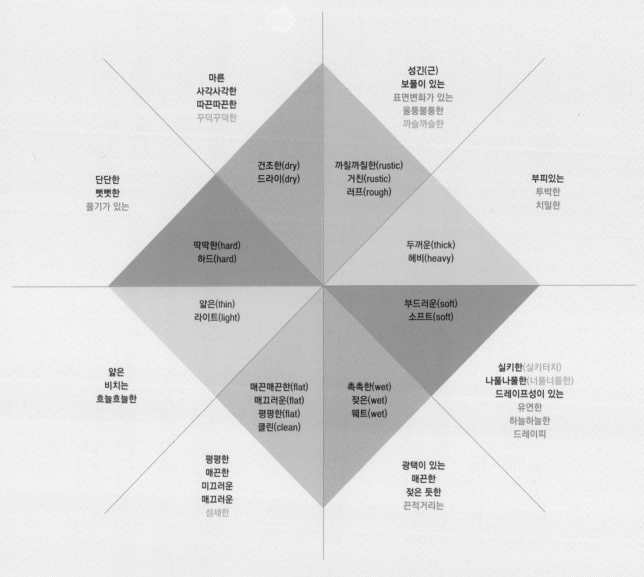

마른
사각사각한
따끈따끈한
꾸덕꾸덕한

성긴(근)
보풀이 있는
표면변화가 있는
울퉁불퉁한
까슬까슬한

단단한
뻣뻣한
풀기가 있는

건조한(dry)
드라이(dry)

까칠까칠한(rustic)
거친(rustic)
러프(rough)

부피있는
투박한
치밀한

딱딱한(hard)
하드(hard)

두꺼운(thick)
헤비(heavy)

얇은(thin)
라이트(light)

부드러운(soft)
소프트(soft)

얇은
비치는
흐늘흐늘한

매끈매끈한(flat)
매끄러운(flat)
평평한(flat)
클린(clean)

촉촉한(wet)
젖은(wet)
웨트(wet)

실키한(실키터치)
나풀나풀한(너풀너풀한)
드레이프성이 있는
유연한
하늘하늘한
드레이피

평평한
매끈한
미끄러운
매끄러운
섬세한

광택이 있는
매끈한
젖은 듯한
끈적거리는

감성축을 구성하는 유사 형용사들

References
정인희(2005). 의류 소재의 감성 평가와 감성축 구성의 표준화. 한국섬유공학회 춘계학술발표회 논문초록집, 126-128.
정인희, 이경희, 이신희(2006). 패션 정보와 소재. 구미: 퓨전텍스인력양성사업단, 미출간자료집(pp.265-268).

LECTURE 10-2: 소재의 감성 평가와 감성 그래프 작성

1. 감성 평가표를 이용한 감성 평가

소재 감성을 평가하는 데 사용하는 양식은 다음과 같다.

평가자 :

직물 ID :

	5	4	3	2	1	0	1	2	3	4	5	
두꺼운(thick)												얇은(thin)
딱딱한(hard)												부드러운(soft)
까칠까칠한(rustic)												매끈매끈한(flat)
건조한(dry)												촉촉한(wet)

소재 감성 평가표

2. 감성 평가 점수 계산

특정 소재에 대한 어떤 평가자의 평가 결과가 다음과 같다면, 해당 소재는 두꺼운 감성 7점, 얇은 감성 3점, 딱딱한 감성 1점, 부드러운 감성 9점, 까칠까칠한 감성 5점, 매끈매끈한 감성 5점, 건조한 감성 4점, 촉촉한 감성 6점을 갖는 것으로 계산할 수 있다. 즉 이 소재는 약간 두꺼우면서 아주 부드럽고 특별히 까칠까칠하거나 매끈매끈하지도, 건조하거나 촉촉하지도 않은 소재로 평가된다. 만약 10명의 평가자가 동일 소재에 대해 평가했다면, 각각의 감성 점수를 평균하여 해당 소재의 감성을 규명할 수 있을 것이다. 평가자 수는 많으면 많을수록 객관적인 평가가 가능하다.

	10	9	8	7	6	5	4	3	2	1	0	
	0	1	2	3	4	5	6	7	8	9	10	
	5	4	3	2	1	0	1	2	3	4	5	
두꺼운(thick)				V								얇은(thin)
딱딱한(hard)										V		부드러운(soft)
까칠까칠한(rustic)						V						매끈매끈한(flat)
건조한(dry)							V					촉촉한(wet)

소재 감성 평가 결과

3. 소재 감성축 구성

앞의 평가 사례에 따라 감성축을 구성한다면 다음과 같은 감성축을 얻을 수 있을 것이다.

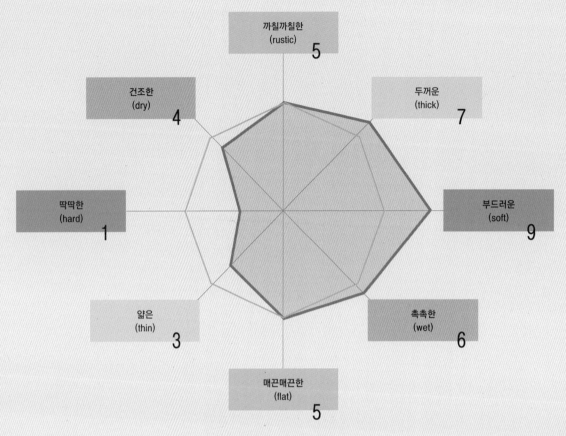

평가 결과를 이용한 소재 감성 그래프 작성

References

정인희(2005). 의류 소재의 감성 평가와 감성축 구성의 표준화. 한국섬유공학회 춘계학술발표회 논문초록집, 126-128.

정인희, 이경희, 이신희(2006). 패션 정보와 소재. 구미: 퓨전텍스인력양성사업단, 미출간자료집(pp.269-270).

SUPPLEMENTS

1. 동료들과 서로 스와치를 교환하여 소재 감성 평가표에 감성 평가를 해주도록 하자. 이때 책의 뒷부분에 있는 평가표를 활용하자.

2. 동료들로부터 받은 감성 평가 점수로 감성축 별 평균을 계산하여 내가 구입한 소재에 대한 소재 감성 그래프를 그려 보자.

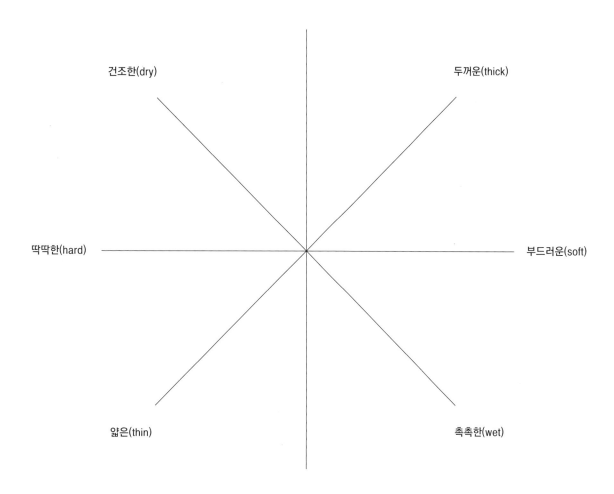

Sample : 소재 감성 그래프 작성 과제 사례: 소재의 특성에 따라 다양한 형태로 나타나는 감성 그래프

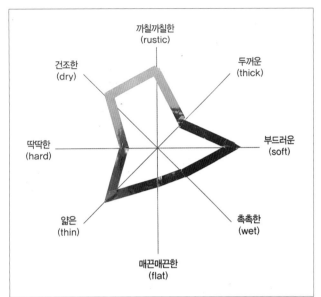

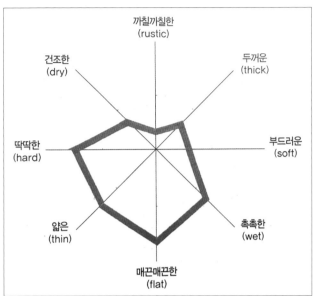

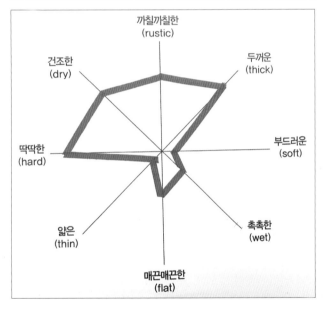

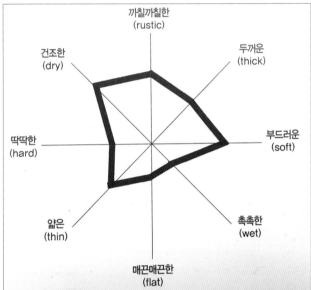

소재감성평가

소재2

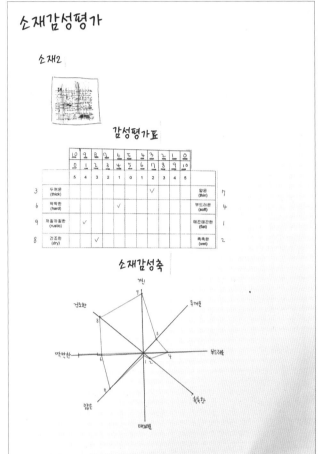

감성평가표

10 9 8 7 6 5 4 3 2 1 0														
0 1 2 3 4 5 6 7 8 9 10														
		5	4	3	2	1	0	1	2	3	4	5		
3	두꺼운 (thick)								∨					얇은 (thin) 7
6	딱딱한 (hard)				∨									부드러운 (soft) 4
9	까칠까칠한 (rustic)	∨												매끈에관한 (flat) 1
8	건조한 (dry)			∨										촉촉한 (wet) 2

소재감성축

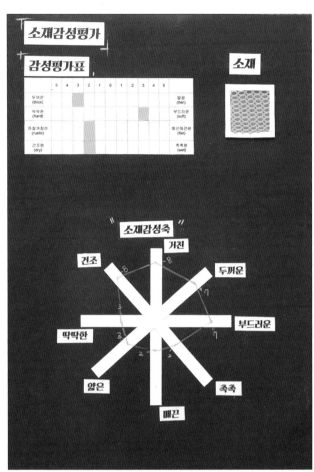

소재감성평가

감성평가표

	5	4	3	2	1	0	1	2	3	4	5	
두꺼운 (thick)												얇은 (thin)
딱딱한 (hard)												부드러운 (soft)
까칠까칠한 (rustic)												매끈에관한 (flat)
건조한 (dry)												촉촉한 (wet)

소재

소재감성축

거친
건조   두꺼운
딱딱한   부드러운
얇은   촉촉
매끈

Work 11
소재 감성 맵과 이미지 맵 만들기

Working Guide : 여러 종류의 소재들을 모아 소재 감성 맵을 만들어 보자. 네 가지 감성 축 중에서 수집한 소재들의 차이를 가장 잘 반영할 수 있는 축을 두 개 정하여 소재들을 서로 비교해가며 각 소재의 위치를 하나하나 잡은 후 소재들의 상호 위치가 적절하다고 생각되면 마지막으로 접착제를 이용하여 소재를 붙여 소재 감성 맵을 완성하자. 도화지나 보드 위에 작업해 보는 것도 좋겠다.

MY WORK

Sample : 소재 감성 맵 과제 사례: 같은 소재 모음으로도 축에 따라 다른 맵이 된다.

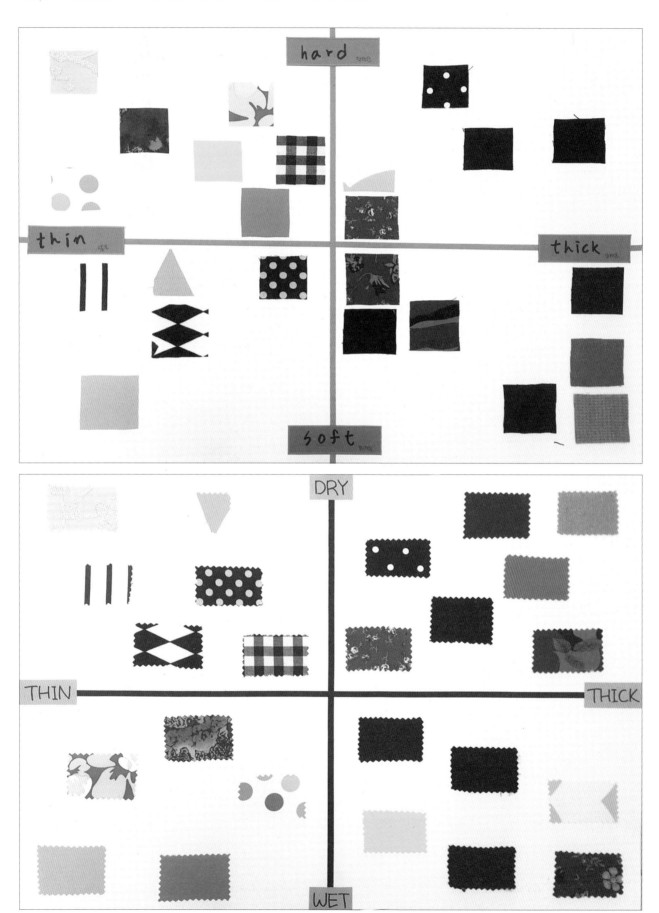

LECTURE 11: 패션 소재의 이미지

의복이 하나의 완성체로서 특정 이미지를 표현하고 전달할 수 있다면 하나의 아이템, 색채, 소재, 디테일도 모두 개별적으로 이미지를 담고 있다. 몇 가지 이미지들을 소재와 연결시켜 살펴보자.

1. 엘레강스(Elegance)

성숙한 여성의 아름다움을 표현하는 이미지이다. 품위 있고, 우아하며 세련된 분위기의 여성적 이미지이며, 클래식한 이미지와 혼합되어 나타나기도 한다. 부드럽고 드레이프성이 좋은 소재, 강한 느낌보다는 부드러운 느낌의 색과 배색이 사용된다.

2. 로맨틱(Romantic)

귀여운 소녀의 이미지이다. 환상적이고 낭만적이며, 서정적이고 섬세하다. 부드러운 질감의 꽃무늬, 프릴이나 레이스 장식 등의 디테일을 사용함으로써 소녀의 취향을 표현한다. 은은하면서 사랑스러운 파스텔 톤의 색과, 저지, 크레이프, 시폰 등의 가벼운 질감 또는 얇은 질감의 소재가 사용된다.

3. 모던(Modern)

현대적이고 지적인 이미지이다. 현대의 미니멀리즘 영향으로 장식성이 배제된 미를 추구한다. 전통성과 대비되기 때문에, 단순하며 진보적이면서 실험적인 디자인들이 모던한 이미지로 나타나기도 한다. 무채색, 흑백의 고명도 대비가 사용되며, 무늬의 경우 직선적인 패턴이 사용될 수 있다.

4. 소피스티케이티드(Sophisticated)

모던한 이미지와 유사하게 분류되는 이미지로, 보다 여성적이고 세련된 도시 감각을 추구하는 이미지이다. 무채색, 절제된 느낌의 색이나 탁색 또는 파스텔 계열의 색으로 표현된다.

5. 스포티(Sporty)

경쾌하고, 대담하고, 활동적인 이미지이다. 스포티 캐주얼웨어의 패션화에 따라 최근 중요한 패션 테마로 자리 잡은 이미지이다. 소재는 데님이나 활동성 있는 니트 소재, 블루, 화이트, 레드와 같은 원색의 사용, 보색 대비 등으로 표현된다.

6. 매니시(Mannish)

여성복에 있어서의 남성 정장 또는 남성 취향의 이미지이다. 딱딱하면서도 합리적이고 차분한 요소들이 표현된다. 색은 무채색이나 갈색 계통이 많이 사용되며, 패턴은 남성복의 체크나 줄무늬가 효과적이다. 고밀도의 기하학적인 헤링본 무늬도 사용될 수 있다. 매니시 이미지 표현을 위해서는 남성 정장 라인을 잘 표현할 수 있는 울 소재가 적합하다.

7. 엑조틱(Exotic)

이국적인 정취를 느낄 수 있는 이미지이다. 도시 문명과 떨어진 소박함과 신비로움을 나타내며, 에스닉(ethnic) 이미지와 유사하다. 전원적이며 대자연적인, 토속적이고 종교적인 의상이나 문양이 표현된다. 세계 여러 나라의 전통적인 색과 문양 및 민속 의상 디자인이 반영된다. 페이즐리 문양이 대표적이다.

8. 컨트리(Country)

전원적이고, 내추럴한 이미지이다. 최근 패션 테마의 하나인 에콜로지(Ecology) 이미지와 유사한 점도 있다. 면이나 굵은 마직물과 같은 천연 소재가 컨트리한 이미지를 표현할 수 있다. 코듀로이 소재나 편안하고 자연스러우면서 캐주얼한 느낌의 소재들도 적합하다. 베이지나 브라운 계열, 내추럴한 분위기의 색이 효과적이다.

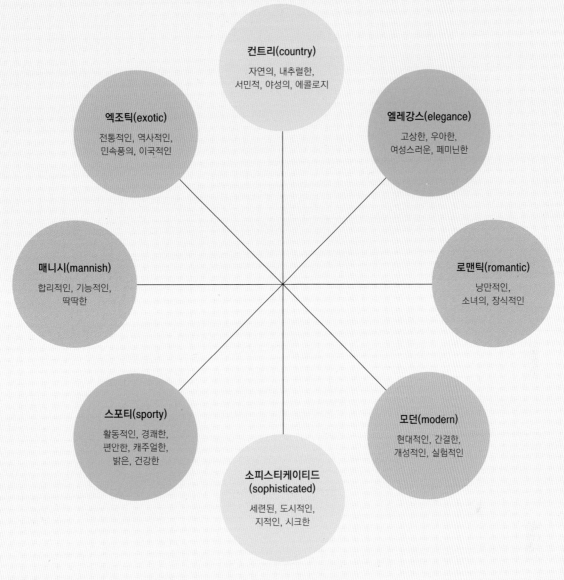

패션 이미지를 구성하는 형용사들

References

김은애, 김혜경, 나영주, 신윤숙, 오경화, 유혜경, 전양진, 홍경희(2000). 패션 소재기획과 정보. 파주: 교문사(pp.44-45).

김정규, 박정희(2005). 패션 소재기획. 파주: 교문사(p.131).

오경화, 김정은, 구미지, 성연순, 김세나(2011). 패션 이미지 업. 파주: 교문사(pp.104-113).

SUPPLEMENTS

1. 스와치들이 어떤 이미지에 해당하는지 분류하여 소재 이미지 맵을 만들어 보자.

2. 이미지 맵에 적용한 소재들이 어떤 이유로 그 이미지에 해당한다고 생각했는지 동료들과 돌아가며 발표해 보자.

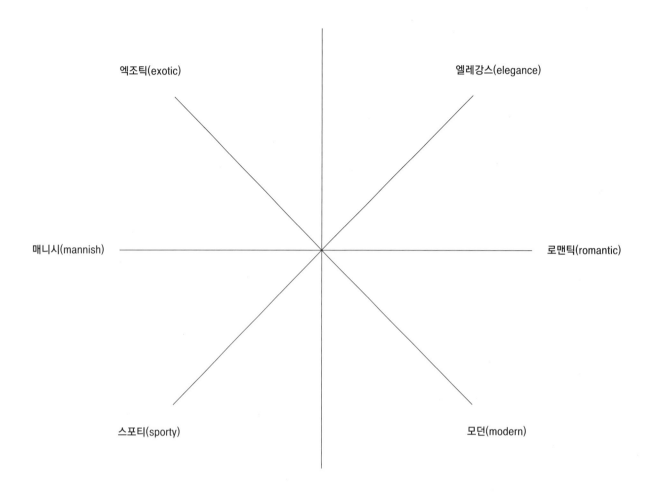

Sample : 소재 이미지 맵 과제 사례: 더 많은 스와치들로도 작업할 수 있다.

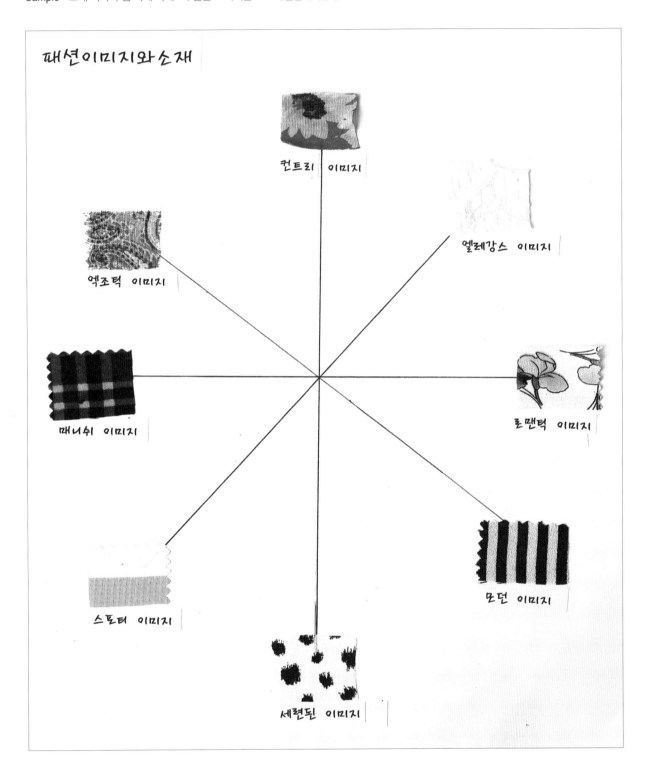

패션이미지와소재

컨트리 이미지

엘레강스 이미지

엑조틱 이미지

매니쉬 이미지

로맨틱 이미지

스포티 이미지

모던 이미지

세련된 이미지

05

패션 이미지
표현하기

INTRODUCTION

이제 패션 소재와도 어느 정도 친숙해졌다. 어떤 소재가
주어진다면 그에 대해 물리적인 특성과 감성적인 특성을
말할 수 있게 되었을 것이다. 그러나 소재만으로는 패션
이 완성되지 않는 법이니, 지금부터 소재를 상품에 통합
하는 훈련을 시작해 보자. 소재 자체만으로도 이미지를
담고 있지만, 최종 패션 상품의 이미지에는 옷의 형태와
소재의 재질감이나 색감, 봉제 방법 등이 모두 하나로 어
울려야 하는 것이다.

Work 12

패션 이미지 맵 제작: 잡지 이용하기

Working Guide : 패션 이미지를 하나 선택하여 잡지에 나온 사진들을 이용하여 맵을 만들어 보자. 선택한 이미지에 해당한다고 생각되는 사진들을 잘라 그 크기나 잘린 형태 등을 염두에 두고 시선의 움직임을 고려하여 잘라낸 사진들을 배치하자. 선택한 이미지에 어울리는 패션 소재들을 맵에 함께 배치해 보는 것도 좋겠다. 이미지 표현에 도움이 되는 컬러 칩을 잘라 함께 붙일 수도 있다. 이미지 이름을 이미지에 어울리는 글자 폰트를 택하여 출력하거나 손글씨로 써서 패션 이미지 맵을 완성하자.

MY WORK

(도화지에 작업한 후 사진을 찍고 출력하여 붙이세요.)

LECTURE 12: 이미지 맵 작성 방법

세상에는 예술적 감각이나 공간 감각을 타고나서 어떠한 디자인 작업이건 감각적으로 수행할 수 있는 사람도 있지만, 이미지 맵을 작성하는 과제를 위해 사진을 배치하려면 막상 어디서부터 시작할지 막막하기만 한 사람도 있을 것이다. 하지만 그런 경우에도 아래의 기본 지침을 고려하면 보다 쉽고 즐겁게 작업할 수 있을 것이다.

이미지 맵 작성은 단순히 주어진 공간을 메우는 작업은 아니다. 용어 그대로 글보다는 이미지로 이루어진 '지도'가 바로 이미지 맵이므로 표현하고자 하는 이미지나 내용을 시각적으로 쉽게 전달할 수 있어야 한다. 이를 위해서는 내용을 쉽고 정확하게 만들어야 하며, 시각적으로도 깨끗하고 아름다워야 한다. 이미지 맵과 맞지 않는 그림이나 사진을 선택하는 것, 그림이나 사진은 적절하게 선택했으나 그 크기나 배치 방법이 표현하고자 하는 이미지를 저해하는 것을 피하기 위해서는 아래와 같이 정확한 그림 또는 사진, 적절한 레이아웃, 적절한 배경의 선택에 유의하자.

표현하고자 하는 이미지를 잘 보여주는 그림 또는 사진을 단번에 잘 찾는 것은 쉽지 않으므로 어느 정도의 훈련이 필요하다. 초보자의 경우 그 이미지를 나타내는 디자인의 특성, 관련 아이템들, 관련된 배경들을 목록으로 작성해 보는 것이 도움이 된다. 예를 들어 히피 이미지를 표현한다고 하면 페이전트 블라우스, 헤어 스카프(두건), 헤어밴드나 팔찌, 가죽이나 비즈, 레이어드 액세서리, 꽃 패턴의 소재 또는 옷, 평화로운 자연(풍경)과 같은 목록을 작성해 볼 수 있을 것이다.

레이아웃 작업에서는 다음 세 가지 사항을 염두에 둔다. 첫째, 어떤 구성선을 사용할 것인지가 중요하다. 예를 들어 표현하고자 하는 이미지가 남성적이고 모던한 느낌이라면 직선적인 구성선을 사용할 수 있을 것이다. 둘째, 전체 공간에서의 이미지가 차지하는 비율이 표현하고자 하는 이미지와 관계된다는 것을 인식하고 이미지의 양을 결정해야 한다. 예를 들어 미니멀한 이미지를 표현하는 것이 목적이라면 그림이나 사진들의 배치에 많은 공간을 할애하지 않는 것이 더 효과적이다. 특별한 목적이 없다면, 너무 많은 그림이나 사진들을 사용하여 복잡하고 산만하게 만드는 것은 피하도록 하자. 셋째, 그림이나 사진들을 내용적인 면에서 어떤 식으로 분류하여 배치할 것인지 결정해야 한다. 그림이나 사진들을 아이템 별로 구분하여 배치하면 더 쉽게 이미지를 전달할 수 있다. 레이아웃 과정에서 전체 맵의 형태를 먼저 스케치해 보고, 구도에서 중요한 선(구성선)의 위치와 형태(구성 비율)를 그려 보면서 그림 또는 사진들을 옮기고 조절한다면, 큰 실패 없이 좋은 이미지 맵을 만들 수 있을 것이다. 이때, 제목의 위치와 크기, 폰트의 종류도 함께 고려하는 것이 좋다.

적절한 배경의 선택을 위해서는 표현하고자 하는 이미지에 따라 배경의 소재, 색채도 잘 선택해야 한다. 로맨틱 이미지 맵을 만들 경우에는 핑크 컬러나 재질감 있는 배경을 사용할 수 있다. 반면, 매니시 이미지 맵을 만들 경우에는 무채색, 다소 군더더기 없는 배경이 더 효과적일 것이다.

References

김미영(1996). 의상연출의 실습 및 사례 연구. 경원대학교 생활과학연구지, 2, 1-37.

이정숙(2008). 포트폴리오 만들기. 서울: 내하(pp.37-51).

SUPPLEMENTS

1. 자신이 만든 이미지 맵을 들고 동료들 앞에서 이미지 맵 작성 과정을 발표해 보자(발표시간 2분).
2. 동료들의 발표를 들으며 패션 이미지 맵을 잘 만들기 위해서 자신이 보완해야 할 점들을 적어 보자.

	나를 위한 패션 이미지 맵 작성 Tip
1	
2	
3	
4	
5	
6	
7	
8	
9	
10	

Sample : 이미지 맵 제작 과제 사례: 소재 포함

MODERN

EXOTIC

SOPHISTICATED

COUNTRY

Work 13

패션 이미지 맵 제작: 그래픽 프로그램 활용하기

Working Guide : 테크니컬 디자인(Technical Design)의 개념이 도입되면서 실제로 손으로 하는 디자인 작업보다는 컴퓨터를 이용하여 작업할 수 있는 능력이 필요하다. 물론 손으로 하는 작업도 자유롭게 감각을 활용하고 향상시킬 수 있다는 측면에서 여전히 중요하다. 잡지를 이용한 이미지 맵 작업에 이어 그래픽 프로그램을 활용한 이미지 맵 제작에 도전해 보자. 그래픽 프로그램들의 메뉴가 크게 다르지 않으므로 한두 가지 기능만 익힌다면 간단한 작업만으로도 디지털 이미지 맵을 제작할 수 있을 것이다. 이미지 크기를 조정할 수 있고 색을 바꿀 수 있으며 형태를 변형시킬 수 있다는 것이 그래픽 작업의 장점이다. 포토샵을 사용해 보되, 여러 가지 여건이 되지 않는다면 파워포인트로 작업하는 것도 가능하다.

MY WORK

(제작된 이미지 맵을 출력하여 붙이세요.)

Sample : 디지털 이미지 맵 제작 과제 사례

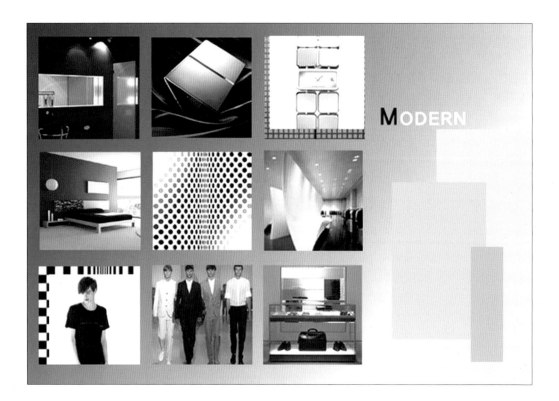

Fashion Theme

Travel to
Exotic Locales

12-0752 TPX
15-5782 TPX
19-4245 TPX
14-4522 TPX
18-3331 TPX
18-4728 TPX

LECTURE 13: 포토샵의 기본 기능

포토샵 프로그램에 익숙하지 않은 사용자들을 위해 아주 간단한 작업을 할 수 있을 정도의 기본 메뉴만 정리한다. Adobe Photoshop CS6을 기준으로 한 메뉴이며 전문 그래픽 용어에 대한 설명은 제외하였다. 몇 가지 기능만 쓸 수 있게 되면 다음은 여러 가지 메뉴들을 시도해 보면서 체험적으로 프로그램 활용법을 익힐 수 있을 것이다. 기본 메뉴를 한 번씩 열어보고 왼쪽에 열려있는 도구 창에서 도구 이름들을 먼저 확인해 두자. 만약 도구 창이 열려 있지 않다면 창 메뉴에서 도구를 지정하자.

1. 작업의 기본
- 파일을 만들고 저장하며 닫고 여는 기능, 인쇄는 누구나 할 수 있는 것이다.
- 파일을 새로 만들 때 크기를 설정할 수 있다. 원하는 이미지 크기에 맞게 폭과 높이의 값을 정하도록 하자. 가장 쉽게 cm 단위로 값을 넣어 보자. 배경색의 지정도 가능하다.
- 실행취소를 통해 한 단계씩 뒤로 이동하지 않더라도 창 메뉴의 작업내역 창을 지정하여 사용하면 이전의 원하는 작업 단계로 되돌아가기가 가능하다.

2. 외부 이미지 가져오기
- 이미지 맵 작업을 하기 위해서는 이미지 소스가 필요하다. 직접 찍은 사진이나 오픈 소스 등 저작권 문제없이 사용할 수 있는 이미지 파일을 파일 메뉴의 열기로 가져오거나 혹은 바로 마우스로 드래그하여 가져올 수 있다.
- 이미지 소스에서 선택하고자 하는 부분만 도구 창에서 선택 도구(사각형, 원형, 올가미 등)를 사용하여 선택하고 작업용 캔버스 창으로 이동 도구를 이용하여 이동시키자.
- 이미지 메뉴에서는 이미지 크기 조정이 가능하며 영역 선택 후 편집 메뉴의 변형을 이용하면 이미지를 원하는 형태로 표현할 수 있다.

3. 이미지 새로 만들기
- 도구 창에서 원하는 모양을 선택하거나 그리고 색 설정으로 원하는 색을 선택하여 페인트통 도구로 채워 보자. 페인트통 도구 버튼 오른쪽 하단의 작은 삼각형을 클릭하여 도구를 변경하면 그레이디언트를 넣을 수도 있다.
- 도구 창에서 문자 도구를 사용하면 원하는 글자를 편집하여 넣을 수 있다.

4. 편집하기
- 이미지 메뉴의 조정에서 명도, 대비, 레벨이나 곡선 등의 하위 메뉴를 사용하여 톤을 조정할 수 있다.
- 이미지 메뉴의 조정에서 색상대체 등을 사용하면 선택한 이미지의 색상을 다른 색으로 바꿀 수 있다.
- 이미지 메뉴의 모드에서 회색음영 처리하면 이미지가 흑백으로 변하며, 다시 이중톤 처리를 하면 한 가지 이상의 색으로 톤을 달리한 색다른 효과를 낼 수 있다.
- 레이어는 포토샵의 주요 기능 중 하나로 서로 겹쳐 쌓아 놓은 투명한 아세테이트지와 같은 것이다. 배경 캔버스 위에 레이어마다 옮겨온 이미지가 있으므로 레이어를 선택하여 각각의 이미지에 대한 작업을 할 수 있다. 즉 최종 단계에서 레이어를 선택해 가며 이미지 간 크기를 조정하고 위치를 조정한다. 레이어의 선택은 화면 오른쪽 중간에 열리는 레이어 창을 이용하도록 하며, 만약 이 창이 보이지 않는다면 창 메뉴에서 레이어를 지정하면 된다.
- 필터는 포토샵의 가장 고유한 기능 중 하나이므로 필터 메뉴에서 펼쳐지는 여러 효과들을 직접 적용해 가며 체험해 보도록 하자.

SUPPLEMENTS

1. 자신이 만든 이미지 맵을 동료들 앞에서 발표해 보자(발표시간 2분).
2. 동료들의 발표를 들으며 알게 된 새로운 그래픽 프로그램의 테크닉들을 정리해 보자.

	그래픽 프로그램 활용 Tip
1	
2	
3	
4	
5	
6	
7	
8	
9	
10	

06

패션 소재와
상품기획

INTRODUCTION

이제 패션 소재로 패션 상품을 완성해 보자. 앞서 소재를 구입할 때 무엇을 만들지 생각해 두었을 것이다. 이미 최종 패션 상품에 대한 기획이 되어 있는 상태이므로 이제부터 아이디어를 실물로 구현해 보는 작업을 진행한다. 더불어 소재와 패션 품목의 관계를 알아보고 우리가 지금까지 실습을 통해 학습한 소재기획의 개념을 총괄적으로 이해하면서 모든 작업을 마무리하도록 하자.

Work 14

품목별로 어울리는 소재 찾아보기

Working Guide : 모든 창의적인 작업에는 재료의 적용에 한계를 두지 않아야 하지만, 그래도 대중적인 상품을 기획할 때 '이런 품목에는 이런 소재'라는 휴리스틱(heuristics)이 존재한다. 일종의 소재기획 논리라고 할 수 있다. 다음 여성복 소재기획을 위한 양식 안에 적합하다고 생각하는 소재 이름을 써 보거나 스와치를 한번 붙여 보자. 각각의 시즌과 콘셉트에 소재의 어떤 특징이 필요하다고 생각하는가?

MY WORK

여성복 품목별 소재 제안			
품목	계절/콘셉트	소재(소재 이름 혹은 스와치)	소재의 특징
재킷	겨울/클래식한		
	가을/캐주얼한		
원피스	봄/우아한		
	가을/청순한		

여성복 품목별 소재 제안			
품목	계절/콘셉트	소재(소재 이름 혹은 스와치)	소재의 특징
블라우스	봄/에스닉한		
	여름/귀엽고 발랄한		
스커트	겨울/빈티지한		
	여름/스포티한		
	파티 드레스/화려한		

LECTURE 14: 소재의 선정

소재기획을 하려면 지금까지 배운 소재에 대한 지식, 패션 이미지, 감성 등을 기초로 하여 아이템, 디자인, 소재의 유기적인 관계를 알아야 한다. 또한 패션 상품은 시즌별로 상품기획 방향이 있으므로 아이템과 상품기획 방향에 따라 소재를 선정할 필요가 있다. 예를 들어, 여성 블라우스의 상품기획 방향이 페미닌한 이미지 표현이라면, 고급스럽고 여성스러운 광택의 실크가 적합할 것이다. 캐주얼한 여성 셔츠라면, 자연적인 느낌의 면이나 마 또는 신축성 있는 스판덱스가 함유된 폴리에스테르가 적합할 것이다.

아이템과 기획 방향에 따라 섬유를 분류한 다음에는 조직 또는 색과 패턴 등을 고려해야 할 것이다. 예를 들어 여성 팬츠의 기획 방향이 캐주얼한 이미지일 경우, 면 또는 면 스판덱스 섬유이면서 조직 특성은 데님이나 개버딘으로 선택할 수 있다. 계절도 아이템이나 기획 방향과 함께 고려할 요소이다. 예컨대 같은 셔츠라 하더라도 여름용으로는 얇고 가벼운 소재가, 겨울용으로는 두껍고 투박한 소재가 더 적합할 것이다. 한편, 소재의 선택은 기획한 디자인이 표현하고자 하는 체형과도 관련된다. 일반적으로 두꺼운 소재는 체형을 크게 보이게 하고, 뻣뻣한 소재는 체형을 감추어 줄 수 있으며, 부드러운 소재는 다른 소재들에 비해 체형에 크게 구애받지 않을 수 있다.

다음은 여름 휴가 시즌의 여성 원피스 기획 사례이다. 콘셉트는 '에스닉'이다. 이 경우, 여름 원피스에 적용가능하면서 에스닉 콘셉트에 적합한 소재를 선정해야 한다. 에스닉한 이미지를 표현할 수 있는 민속적 패턴에 부드럽고 드레이프성이 있어 여성의 신체를 잘 표현하는 폴리에스테르 소재가 적당할 것이다.

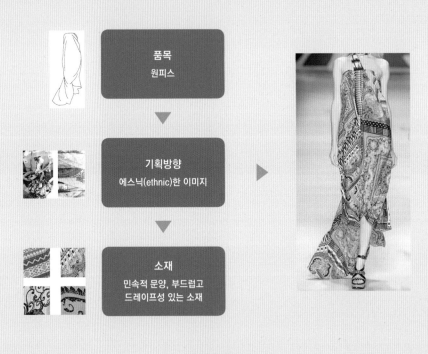

소재기획 사례
원피스 이미지 출처: 패션넷코리아

References

김은애, 김혜경, 나영주, 신윤숙, 오경화, 유혜경, 전양진, 홍경희(2000). 패션 소재기획과 정보. 파주: 교문사(pp.57-61).

김정규, 박정희 (2005). 패션 소재기획. 파주: 교문사(pp.136-137).

패션넷코리아 홈페이지(www.fashionnetkorea.com)

SUPPLEMENTS

1. 자신이 구입한 소재에 어울릴만한 패션 아이템을 잡지나 인터넷 이미지 검색을 통해 찾아보자.
2. 찾은 아이템들을 보기 좋게 붙여서 제품 맵을 구성해 보자.

나의 소재에 어울리는 패션 아이템	CHAPTER 6. 패션 소재와 상품기획

Work 15

기획한 패션 상품을 표현하기

Working Guide : 마지막 작업으로 자신이 구입한 소재를 활용하여 구상한 패션 상품을 표현해 보자. 디자인 감각이나 능력에 따라, 혹은 패션 공부를 얼마나 했는가에 따라 각자 표현할 수 있는 방법들에 차이가 날 것이다. 가볍게는 참고로 했던 사진 위에 소재를 붙이는 방법이나 자신이 직접 그린 일러스트레이션 위에 소재를 붙이는 방법도 좋고, 좀 더 욕심을 내어 축소 패턴과 간단한 손바느질을 이용하여 상품화 작업을 해볼 수도 있다. 상상했던 것과 같은 느낌이 연출되는가? 그렇다면 굉장한 뿌듯함을 느낄 수 있을 것이다.

MY WORK

상품화 결과
(작업 결과를 사진으로 찍고 출력하여 붙이세요.)

모델의 스커트는 원래는 데님소재였다.
화려한 레이스 블라우스와 블링블링한
악세사리와 데님의 조화는 약간 실험적이였다.
그래서 계절에 걸맞게 얇은 쉬폰소재의
스커트를 재 적용 시켜서 여름 계절 답게 쉬원하면서
여성스럽고 세련된 모습을 부각시켰다.
블라우스는 블랙, 스커트는 화이트 컬러를 선택시켜
무난한 색을 이루게 하면서 각 악세사리
아이템들을 더 돋보이게 연출해 보았다.

패션 소재적용

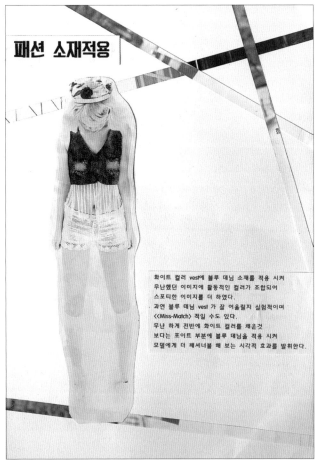

화이트 컬러 vest에 블루 데님 소재를 적용 시켜
무난했던 이미지에 활동적인 컬러가 조합되어
스포티한 이미지를 더 하였다.
· 과연 블루 데님 vest 가 잘 어울릴지 실험적이며
《Miss-Match》적일 수도 있다.
무난 하게 전반에 화이트 컬러를 채운것
보다는 포인트 부분에 블루 데님을 적용 시켜
모델에게 더 패셔너블 해 보는 시각적 효과를 발휘한다.

Sample : 상품 표현 과제 사례: 축소 패턴을 이용하여 직접 실물을 제작해 보았다.

Sample : 상품 표현 과제 사례: 상품 구상 아이디어와 실제 상품화 결과를 함께 제시하였다.

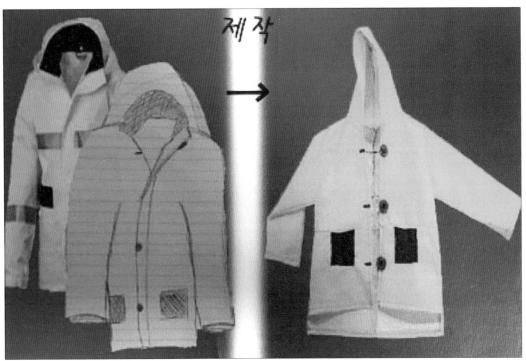

LECTURE 15: 패션 소재기획의 개념

패션 소재기획은 두 가지 관점에서 접근할 수 있다. 첫째, 소재업체 입장에서의 소재기획은 새로운 소재를 설계하고 개발하는 것에 가깝다. 둘째, 패션 업체 입장에서의 소재기획은 자사에서 생산하거나 판매할 패션 상품에 적합한 소재를 소싱하는 일이다. 물론 규모가 크거나 창의성을 중시하는 패션 기업에서는 자체적으로 소재를 개발할 수도 있다.

우리는 소재에 적합한 상품 용도를 생각하거나 패션 상품에 적합한 소재를 물색하는 방식으로 소재기획 실습을 진행했지만, 실제로 소재기획 업무에서는 소재의 상품적합성 외에도 고려해야 할 점들이 더 있다. 즉, 대량생산에 필요한 소재를 필요한 물량만큼 필요한 시기에 조달해야 하는 것도 소재기획자의 업무이며, 상품 가격을 고려하여 수익이 창출될 수 있도록 소재를 소싱하는 것도 소재기획자가 해결해야 할 일이다. 따라서 소재기획자는 소재에 대한 지식과 감성을 가지고 소재의 상품화 과정을 이해할 수 있어야 하며 실제로 생산과 판매와 이익에 차질 없이 소재를 조달할 수 있는 정보력과 수리적 감각, 실행 능력도 갖추어야 한다.

소재기획 업무는 트렌드 분석, 소비 시장 분석, 소재 개발 및 시판 동향 조사 등의 조사 분석 업무를 바탕으로 진행되어야 하므로 소재기획자는 정보 처리에도 능숙해야 한다. 파레토 법칙을 적용하면 "20%의 정보원에서 전체 정보의 80%를 얻을 수 있다." 따라서 한정된 시간 내에서 어떤 정보원을 선택할 것인가의 결정도 매우 중요하다.

다음에 소재기획 관련 업무의 흐름을 요약하여 제시해 보았다. 회사의 조직이나 상황에 따라 소재기획 전담 MD 직무가 전문화되어 있을 수도 있지만, 때로 디자이너, MD, 생산 MD 등이 해당 업무를 맡거나 협업할 수도 있을 것이다. 어떠한 경우라도 다음의 흐름표를 통해 소재기획 과정을 개략적으로 파악할 수 있다.

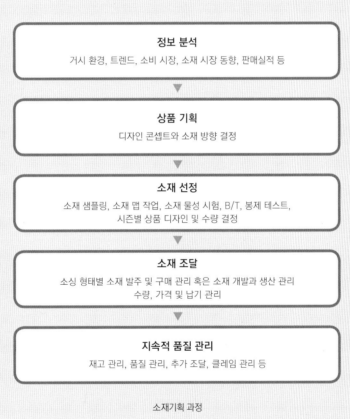

소재기획 과정

SUPPLEMENTS

1. 이제 학습의 모든 과정이 끝났다. 지금까지 했던 작업들을 다시 한번 훑어보자.
2. 작업한 결과물들을 잘 정리하여 포트폴리오 혹은 프레젠테이션 보드를 제작해 보자.

FOLLOW-UP

(포트폴리오 표지 사진 혹은 프레젠테이션 보드 사진을 붙이세요.)

Sample : 프레젠테이션 보드 과제 사례(트렌드 테마 출처: 패션넷코리아)

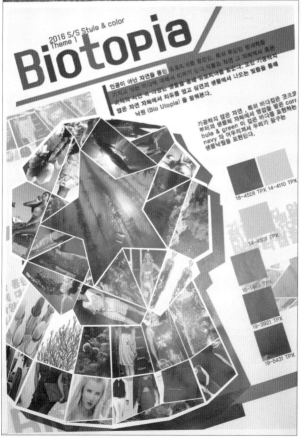

평가자 :

직물 ID :

	5	4	3	2	1	0	1	2	3	4	5	
두꺼운(thick)												얇은(thin)
딱딱한(hard)												부드러운(soft)
까칠까칠한(rustic)												매끈매끈한(flat)
건조한(dry)												촉촉한(wet)

평가자 :

직물 ID :

	5	4	3	2	1	0	1	2	3	4	5	
두꺼운(thick)												얇은(thin)
딱딱한(hard)												부드러운(soft)
까칠까칠한(rustic)												매끈매끈한(flat)
건조한(dry)												촉촉한(wet)

평가자 :

직물 ID :

	5	4	3	2	1	0	1	2	3	4	5	
두꺼운(thick)												얇은(thin)
딱딱한(hard)												부드러운(soft)
까칠까칠한(rustic)												매끈매끈한(flat)
건조한(dry)												촉촉한(wet)

평가자 :

직물 ID :

	5	4	3	2	1	0	1	2	3	4	5	
두꺼운(thick)												얇은(thin)
딱딱한(hard)												부드러운(soft)
까칠까칠한(rustic)												매끈매끈한(flat)
건조한(dry)												촉촉한(wet)

평가자 :

직물 ID :

	5	4	3	2	1	0	1	2	3	4	5	
두꺼운(thick)												얇은(thin)
딱딱한(hard)												부드러운(soft)
까칠까칠한(rustic)												매끈매끈한(flat)
건조한(dry)												촉촉한(wet)

평가자 :

직물 ID :

	5	4	3	2	1	0	1	2	3	4	5	
두꺼운(thick)												얇은(thin)
딱딱한(hard)												부드러운(soft)
까칠까칠한(rustic)												매끈매끈한(flat)
건조한(dry)												촉촉한(wet)

평가자 :

직물 ID :

	5	4	3	2	1	0	1	2	3	4	5	
두꺼운(thick)												얇은(thin)
딱딱한(hard)												부드러운(soft)
까칠까칠한(rustic)												매끈매끈한(flat)
건조한(dry)												촉촉한(wet)

평가자 :

직물 ID :

	5	4	3	2	1	0	1	2	3	4	5	
두꺼운(thick)												얇은(thin)
딱딱한(hard)												부드러운(soft)
까칠까칠한(rustic)												매끈매끈한(flat)
건조한(dry)												촉촉한(wet)

평가자 :

직물 ID :

	5	4	3	2	1	0	1	2	3	4	5	
두꺼운(thick)												얇은(thin)
딱딱한(hard)												부드러운(soft)
까칠까칠한(rustic)												매끈매끈한(flat)
건조한(dry)												촉촉한(wet)

평가자 :

직물 ID :

	5	4	3	2	1	0	1	2	3	4	5	
두꺼운(thick)												얇은(thin)
딱딱한(hard)												부드러운(soft)
까칠까칠한(rustic)												매끈매끈한(flat)
건조한(dry)												촉촉한(wet)

평가자 :

직물 ID :

	5	4	3	2	1	0	1	2	3	4	5	
두꺼운(thick)												얇은(thin)
딱딱한(hard)												부드러운(soft)
까칠까칠한(rustic)												매끈매끈한(flat)
건조한(dry)												촉촉한(wet)

평가자 :

직물 ID :

	5	4	3	2	1	0	1	2	3	4	5	
두꺼운(thick)												얇은(thin)
딱딱한(hard)												부드러운(soft)
까칠까칠한(rustic)												매끈매끈한(flat)
건조한(dry)												촉촉한(wet)

평가자 :

직물 ID :

	5	4	3	2	1	0	1	2	3	4	5	
두꺼운(thick)												얇은(thin)
딱딱한(hard)												부드러운(soft)
까칠까칠한(rustic)												매끈매끈한(flat)
건조한(dry)												촉촉한(wet)

평가자 :

직물 ID :

	5	4	3	2	1	0	1	2	3	4	5	
두꺼운(thick)												얇은(thin)
딱딱한(hard)												부드러운(soft)
까칠까칠한(rustic)												매끈매끈한(flat)
건조한(dry)												촉촉한(wet)

평가자 :

직물 ID :

	5	4	3	2	1	0	1	2	3	4	5	
두꺼운(thick)												얇은(thin)
딱딱한(hard)												부드러운(soft)
까칠까칠한(rustic)												매끈매끈한(flat)
건조한(dry)												촉촉한(wet)

평가자 :

직물 ID :

	5	4	3	2	1	0	1	2	3	4	5	
두꺼운(thick)												얇은(thin)
딱딱한(hard)												부드러운(soft)
까칠까칠한(rustic)												매끈매끈한(flat)
건조한(dry)												촉촉한(wet)

평가자 :

직물 ID :

	5	4	3	2	1	0	1	2	3	4	5	
두꺼운(thick)												얇은(thin)
딱딱한(hard)												부드러운(soft)
까칠까칠한(rustic)												매끈매끈한(flat)
건조한(dry)												촉촉한(wet)

평가자 :

직물 ID :

	5	4	3	2	1	0	1	2	3	4	5	
두꺼운(thick)												얇은(thin)
딱딱한(hard)												부드러운(soft)
까칠까칠한(rustic)												매끈매끈한(flat)
건조한(dry)												촉촉한(wet)

평가자 :

직물 ID :

	5	4	3	2	1	0	1	2	3	4	5	
두꺼운(thick)												얇은(thin)
딱딱한(hard)												부드러운(soft)
까칠까칠한(rustic)												매끈매끈한(flat)
건조한(dry)												촉촉한(wet)

평가자 :

직물 ID :

	5	4	3	2	1	0	1	2	3	4	5	
두꺼운(thick)												얇은(thin)
딱딱한(hard)												부드러운(soft)
까칠까칠한(rustic)												매끈매끈한(flat)
건조한(dry)												촉촉한(wet)

평가자 :

직물 ID :

	5	4	3	2	1	0	1	2	3	4	5	
두꺼운(thick)												얇은(thin)
딱딱한(hard)												부드러운(soft)
까칠까칠한(rustic)												매끈매끈한(flat)
건조한(dry)												촉촉한(wet)

평가자 :

직물 ID :

	5	4	3	2	1	0	1	2	3	4	5	
두꺼운(thick)												얇은(thin)
딱딱한(hard)												부드러운(soft)
까칠까칠한(rustic)												매끈매끈한(flat)
건조한(dry)												촉촉한(wet)

평가자 :

직물 ID :

	5	4	3	2	1	0	1	2	3	4	5	
두꺼운(thick)												얇은(thin)
딱딱한(hard)												부드러운(soft)
까칠까칠한(rustic)												매끈매끈한(flat)
건조한(dry)												촉촉한(wet)

평가자 :

직물 ID :

	5	4	3	2	1	0	1	2	3	4	5	
두꺼운(thick)												얇은(thin)
딱딱한(hard)												부드러운(soft)
까칠까칠한(rustic)												매끈매끈한(flat)
건조한(dry)												촉촉한(wet)

평가자 :

직물 ID :

	5	4	3	2	1	0	1	2	3	4	5	
두꺼운(thick)												얇은(thin)
딱딱한(hard)												부드러운(soft)
까칠까칠한(rustic)												매끈매끈한(flat)
건조한(dry)												촉촉한(wet)

평가자 :

직물 ID :

	5	4	3	2	1	0	1	2	3	4	5	
두꺼운(thick)												얇은(thin)
딱딱한(hard)												부드러운(soft)
까칠까칠한(rustic)												매끈매끈한(flat)
건조한(dry)												촉촉한(wet)

평가자 :

직물 ID :

	5	4	3	2	1	0	1	2	3	4	5	
두꺼운(thick)												얇은(thin)
딱딱한(hard)												부드러운(soft)
까칠까칠한(rustic)												매끈매끈한(flat)
건조한(dry)												촉촉한(wet)

평가자 :

직물 ID :

	5	4	3	2	1	0	1	2	3	4	5	
두꺼운(thick)												얇은(thin)
딱딱한(hard)												부드러운(soft)
까칠까칠한(rustic)												매끈매끈한(flat)
건조한(dry)												촉촉한(wet)

평가자 :

직물 ID :

	5	4	3	2	1	0	1	2	3	4	5	
두꺼운(thick)												얇은(thin)
딱딱한(hard)												부드러운(soft)
까칠까칠한(rustic)												매끈매끈한(flat)
건조한(dry)												촉촉한(wet)

평가자 :

직물 ID :

	5	4	3	2	1	0	1	2	3	4	5	
두꺼운(thick)												얇은(thin)
딱딱한(hard)												부드러운(soft)
까칠까칠한(rustic)												매끈매끈한(flat)
건조한(dry)												촉촉한(wet)

REFERENCES

국내 서적

강민지(2011). 패션의 탄생. 서울: 루비박스.

김민자, 권유진, 송수원, 이예영, 최경희, 이진민, 이민선(2014). 패션 디자이너와 패션 아이콘. 파주: 교문사.

김은애, 김혜경, 나영주, 신윤숙, 오경화, 유혜경, 전양진, 홍경희(2000). 패션 소재기획과 정보. 파주: 교문사.

김정규, 박정희(2005). 패션 소재기획. 파주: 교문사.

김현수(2011). 퍼펙트 국제무역사: 무역영어 1급 동시대비. 부산: 세종출판사.

손미영(2007). 글로벌 패션 마케팅. 서울: 창지사.

송경헌, 유혜자, 김정희, 이혜자, 한영숙, 안춘순(2008). 소재기획. 파주: 형설출판사.

심미숙, 김병희(2006). 패션섬유소재(개정판). 서울: 교학연구사.

오경화, 김정은, 구미지, 성연순, 김세나(2011). 패션 이미지 업. 파주: 교문사.

이정숙(2008). 포트폴리오 만들기. 서울: 내하.

정인희(2011). 패션 시장을 지배하라. 서울: 시공아트.

Frings, G. S.(2008, 조길수, 천종숙, 이주현 역). 패션: 개념에서 소비자까지. 서울: 시그마프레스.

Laver, J.(2005, 정인희 역). 서양 패션의 역사. 서울: 시공사.

국외 서적

Hatch, K. L.(1993). Textile Science. St. Paul, MN: West Publishing Company.

Roach, M. E., & Musa, K. E.(1980). New Perspectives on the History of Western Dress: A Handbook. New York: NutriGuides, Inc..

학술논문

Son, M. Y., & Yoon, N.(2014). Paradigm change in the Asia fashion industry: In terms of production, consumption, and trade. International Journal of Haman Ecology, 15(2), 1–12.

김미영(1996). 의상연출의 실습 및 사례연구. 경원대학교 생활과학연구지, 2, 1–37.

정인희(2005). 의류 소재의 감성 평가와 감성축 구성의 표준화. 한국섬유공학회 춘계학술발표회 논문초록집, 126–128.

자료집

관세청(2007). 한·ASEAN FTA: FTA 100% 활용 가이드.

정인희, 이경희, 이신희(2006). 패션 정보와 소재. 구미: 퓨전텍스인력양성사업단, 미출간자료집.

한국섬유산업연합회(2015). 섬유패션 산업통계. 서울: 한국섬유산업연합회.

웹사이트

외교통상부 홈페이지(www.mofat.go.kr)

자유무역협정 홈페이지(www.fta.go.kr)

패션넷코리아 홈페이지(www.fashionnetkorea.com)

Interbrand 홈페이지(www.interbrand.com)

법령

관세법. [법률 제11121호, 2011.12.31, 일부개정] [시행 2012.3.1.]

대외무역법. [법률 제10231호, 2010.4.5., 일부개정] [시행 2010.10.6.]

저자 소개

정인희(Ihn Hee Chung)

금오공과대학교 화학소재융합학부 교수이다. 서울대학교 의류학과를 졸업하고 같은 학교 대학원에서 석사학위와 박사학위를 받았다.
작은 회사에서 패션 상품의 생산 관리와 수출 업무를 경험했고, 패션 정보회사에서 시장 분석과 컨설팅 업무를 수행했으며,
패션 전문지 발행을 위해 일하며 산업 현장의 이모저모를 둘러보았다. 〈패션 시장을 지배하라〉, 〈이탈리아, 패션과 문화를 말하다〉,
〈의류학 연구 방법론〉(공저), 〈패션 상품의 인터넷 마케팅〉(공저) 등의 책을 썼고, 〈서양 패션의 역사〉, 〈재키 스타일〉(공역),
〈오드리 헵번, 스타일과 인생〉(공역), 〈패션의 얼굴〉(공역) 등의 책을 우리말로 옮겼다.

조윤진(Yun Jin Cho)

경남과학기술대학교 텍스타일디자인학과 교수이다. 서울대학교 의류학과를 졸업하고 같은 학교 대학원에서
석사학위와 박사학위를 받았다. 박사학위 논문 '한국 방문 외국인의 패션문화상품에 대한 태도와 관련 변인 연구'(2007)로
한국마케팅과학회에서 수여하는 최고박사학위논문상을 수상하였다. 방문 연구자로 UC 버클리 동아시아연구소에서
연구 활동을 하였으며, '패션 마케팅', '패션 상품기획', '패션정보와 소재기획' 등의 교과목을 담당하여 강의하고 있다.

WORKBOOK OF
FABRIC PLANNING
FOR FASHION

**패션을 위한
소재기획 워크북**

2015년 9월 11일 초판 발행 | 2022년 8월 31일 2쇄 발행

지은이 정인희·조윤진 | **펴낸이** 류원식 | **펴낸곳 교문사**

편집팀장 김경수 | **디자인** 신나리

주소 10881, 경기도 파주시 문발로 116 | **전화** 031-955-6111 | **팩스** 031-955-0955
홈페이지 www.gyomoon.com | **E-mail** genie@gyomoon.com
등록 1968. 10. 28. 제406-2006-000035호
ISBN 978-89-363-1523-8(93590) | 값 15,000원